ES

EL
DE LA COMIDA

¿QUIÉN CONTROLA NUESTRA ALIMENTACIÓN?

Tercera edición ampliada y actualizada

Icaria Antrazyt
SOBERANÍA ALIMENTARIA

Este libro ha sido impreso en papel 100% Amigo de los bosques, proveniente de bosques sostenibles y con un proceso de producción de TCF (Total Chlorine Free), para colaborar en una gestión de los bosques respetuosa con el medio ambiente y económicamente sostenible.

Diseño de la cubierta: Adriana Fàbregas

Icaria editorial, s. a.
Arc de Sant Cristòfol, 11-23
08003 Barcelona
www. icariaeditorial. com

Primera edición: noviembre de 2014
Segunda edición: enero de 2015
Tercera edición ampliada y actualizada: abril de 2017

ISBN: 978-84-9888-775-4
Depósito legal: B 7556-2017

Fotocomposición: Text Gràfic

Impreso en Romanyà/Valls, s. a.
Verdaguer, 1, Capellades (Barcelona)

Al avi Ton, la iaia Montserrat, la iaia Elena
y el avi Padrí, por todo el amor.

TALÓN DE AQUILES

pag 115
pag 123-124 - Puertas giratorias PP 1850 €
159-160
CAUSA REAL DEL HAMBRE

ÍNDICE

PRÓLOGO A LA TERCERA EDICIÓN

La comida despierta pasiones, ya sea compartir un buen plato de cocina, condimentar un guiso, ver qué comprar y qué no, discutir acaloradamente sobre la mejor dieta posible, teorizar acerca del futuro de la alimentación. Las cosas del comer importan. Son nuestro pasado, presente y futuro. Si no comemos, no somos nada.

Conectando con este sentir, *El negocio de la comida* llega a su tercera edición, ampliada, con algunos textos nuevos, y actualizada. Han pasado ya dos años y medio desde que la obra vio la luz, y muchas han sido las personas que han leído su contenido y mandado su *feedback*. No hay nada más gratificante que escuchar que el trabajo realizado es considerado útil y necesario. A todos vosotros, gracias.

Desde que el presente libro se publicó hay una pregunta que me han formulado en más de una ocasión: ¿Qué comeremos el día de mañana? ¿Cómo será nuestra alimentación de aquí a diez, veinte, treinta o cuarenta años? Nos resulta fascinante imaginar la comida del futuro, predecir qué nos llevaremos a la boca. Sin embargo, lo más importante no es qué vamos a comer, sino quién va a producir estos alimentos, dónde y cómo.

La agricultura industrial hegemónica es una agricultura destructora de la agrodiversidad, que nos hace dependientes de unas pocas variedades de cultivos; adicta al uso de productos químicos de síntesis; que apuesta por los monocultivos y los transgénicos, arrasando tierras y comunidades; que deslocaliza la producción a miles de kilómetros de distancia, en busca de salarios baratos; que acaba con el campesinado; que provoca hambre en un mundo donde sobra comida; y que además nos enferma.

¿Quién está detrás? Grandes empresas que controlan cada uno de los eslabones de la cadena alimentaria, desde las semillas pasando por los fertilitzantes, los pesticidas, la transformación de los alimentos y la distribución en los supermercados. Sus nombres y apellidos: Syngenta, Dupont, Cargill, Monsanto, Coca-Cola, Kraft, PespiCo, Procter&Gamble, Unilever, Nestlé, Alcampo, Carrefour, por solo citar algunos de estos «monstruos» que se han colado en nuestro plato.

Ante tal imposición, desde abajo, se reivindica como alternativa la soberanía alimentaria, que consiste en devolver a las personas el control sobre qué se cultiva y se come, apostando por una agricultura de proximidad, ecológica, diversa y campesina, en beneficio de la economía local y la salud. Sus expresiones son múltiples: grupos de consumo, mercados campesinos, comedores escolares ecológicos, acciones contra el despilfarro alimentario, cocina *slow food*, huertos urbanos... Sin olvidar que los cambios políticos, sociales e institucionales, junto a estas iniciativas, son clave para que todos podamos comer, y hacerlo de una manera sana y saludable.

La alimentación del futuro será resultado de la pugna entre estos dos modelos. Uno que nos arrastra al «mal comer», tanto por la falta de alimentos accesibles, por su deficiente calidad y el negativo impacto medioambiental que su producción genera, y otro al «buen comer», concepto que podemos adaptar, sin ninguna pretensión de idealización o romantización, del «buen vivir» reivindicado por los pueblos originarios de América Latina. Un concepto incluido en las constituciones de Ecuador (2008) y Bolivia (2009), aunque no respetado por muchas de las políticas llevadas a cabo por sus gobiernos, y que defiende una vida plena, con todas las necesidades cubiertas, en armonía con la naturaleza. De este modo, el «buen comer» solo será posible respetando la fertilidad de la tierra, los ciclos de la naturaleza y la diversidad agraria de cada ecosistema. Un «buen comer» que no solo cuida del territorio sino también de aquellos que trabajan la tierra y de nuestros cuerpos.

El presente libro se sitúa en la defensa sin matices de la soberanía alimentaria y el «buen comer», porque solo así comeremos todos el día de mañana, y comeremos bien.

INTRODUCCIÓN

Comer y comer bien nos importa cada vez más. Sin embargo, nuestra alimentación no depende únicamente de las decisiones que tomamos a la hora de comprar. El sistema agrícola y alimentario es mucho más complejo que un simple modelo de producción de comida. A pesar de vestirse como un mecanismo neutral, esconde una serie de intereses empresariales que no solo determinan qué comemos, sino quién puede y quién no puede comer. El hambre no es una catástrofe natural, como a menudo nos intentan hacer creer, sino que es resultado de unas determinadas políticas. Asimismo, el complejo agroindustrial impone cómo se produce, en qué condiciones y dónde se vende. Un modelo en el que unas pocas multinacionales salen ganando y la inmensa mayoría salimos perdiendo.

El objetivo de esta obra es destapar y analizar las entrañas del sistema agroalimentario. Navegar en las bambalinas del agronegocio y los supermercados. Armarnos de datos y ejemplos. ¿Por qué los alimentos recorren miles de kilometros del campo al plato? ¿Por qué en 100 años ha desaparecido el 75% de la diversidad agrícola? ¿Por qué hay hambre en un mundo donde se produce más comida que nunca? ¿Por qué somos «adictos» a la comida basura? A estas, y a muchas otras preguntas, da respuesta el presente libro.

En una primera parte, y a través de varios capítulos, analizamos las causas de la hambruna, los mecanismos que permiten la especulación alimentaria, la «fiebre» por la tierra, los vínculos entre pobreza y alimentación, el porqué de una dieta globalizada y «viajera», la conexión entre la agricultura industrial y el cambio climático, la desaparición del campesinado, el récord del hambre entre las mujeres, el impacto de los transgénicos, las consecuencias de lo que comemos en nuestra salud, los motivos de una alimentación «enganchada» al consumo de carne, entre muchos otros temas. Nos adentramos en las tripas del agronegocio, hurgando en el lado oscuro de Coca-Cola, McDonald's, Panrico y TelePizza, y en las entrañas de los supermercados, con atención especial al número uno de la gran distribución española: Mercadona. Destapar lo que no les interesa que veamos.

Pero este libro no quiere quedarse en la crítica. Su objetivo es dotarnos de información útil, comprensible y valiosa para «indignarnos»; darnos instrumentos para que podamos juzgar por nosotros mismos, al margen del discurso único que nos imponen, sacar conclusiones y pasar a la acción. De este modo, se incluye una segunda parte, con otros capítulos, en los que se dibujan las alternativas existentes, señalando que «sí se puede» cambiar las cosas: desde el marco político de la soberanía alimentaria, como paradigma alternativo al sistema agroindustrial, pasando por la práctica de la agricultura ecológica y el comercio justo, con sus aciertos y errores, hasta ver cómo llevamos estos principios a nuestro día a día con, por ejemplo, los grupos y las cooperativas de consumo agroecológico, los huertos urbanos, los comedores escolares ecológicos y la cocina «slow» y comprometida.

Una obra que es un grito a no resignarse ni a claudicar. Una llamada a preguntarnos e indagar. Una apelación a la rebeldía y al compromiso.

I. LOS JUEGOS DEL HAMBRE

El porqué de las hambrunas

Vivimos en un mundo de la abundancia de comida. Hoy, se producen alimentos para 12.000 millones de personas, lo señalaba el relator especial sobre el Derecho a la Alimentación de las Naciones Unidas Jean Ziegler,[1] cuando en el planeta lo habitan 7.200 millones (UN News Center, 2007). Comida, hay. Entonces, ¿por qué una de cada ocho personas en el mundo pasa hambre?

La emergencia alimentaria en el Cuerno de África de julio de 2011, que llegó a afectar a más de 10 millones de personas, volvió a poner de actualidad la fatalidad de una catástrofe que no tiene nada de natural. Sequías, inundaciones, conflictos bélicos... contribuyen a agudizar una situación de extrema vulnerabilidad alimentaria, pero no son los únicos factores que la explican.

Las hambrunas en el Cuerno de África no son novedad. Somalia vive una situación de inseguridad alimentaria desde hace veinte años. Regularmente, los medios de comunicación remueven nuestros confortables sofás y nos recuerdan el impacto dramático del hambre en el mundo. En 1984, casi un millón de personas murieron en Etiopía; en 1992, 300.000 somalíes fallecieron a causa del hambre; en 2005, había casi cinco millones de personas al borde de la muerte en Malawi, por solo citar algunos casos.

1. Jean Ziegler fue relator especial sobre el Derecho a la Alimentación de las Naciones Unidas entre los años 2000 y 2008.

Causas políticas

El hambre no es una fatalidad inevitable que afecta a determinados países. Las causas del hambre son políticas. ¿Quiénes controlan los recursos naturales (tierra, agua, semillas) que permiten la producción de comida? ¿A quiénes benefician las políticas agrícolas y alimentarias? La contestación a dichas preguntas nos dará la respuesta. Los alimentos se han convertido en una mercancía y su función principal, alimentarnos, ha quedado en un segundo plano.

Se señala a la sequía, con la consiguiente pérdida de cosechas y ganado, como uno de los principales desencadenantes de las hambrunas en el Cuerno de África, pero ¿cómo se explica que países como Estados Unidos o Australia que sufren regularmente sequías severas no padezcan hambrunas? Evidentemente, los fenómenos meteorológicos pueden agravar los problemas alimentarios, pero no bastan para explicar las causas del hambre. En lo que respecta a la producción de alimentos, el control de los recursos naturales es clave para entender quién y para qué se produce.

En muchos países del Cuerno de África, el acceso a la tierra es un bien escaso. La compra masiva de suelo fértil por parte de inversores extranjeros (agroindustria, gobiernos, fondos especulativos...) ha provocado la expulsión de miles de campesinos de sus tierras, disminuyendo la capacidad de estos países para autoabastecerse. De este modo, mientras el Programa Mundial de Alimentos intentaba dar de comer en plena crisis alimentaria a millones de refugiados en Sudán, se producía la paradoja de que gobiernos extranjeros (Kuwait, Emiratos Árabes Unidos, Corea...) les compraban sus tierras para producir y exportar alimentos (GRAIN, 2011a).

Asimismo, hay que recordar que Somalia, a pesar de las sequías recurrentes, fue un país autosuficiente en la producción de comida hasta finales de los años setenta. Su soberanía alimentaria fue arrebatada en décadas posteriores. A partir de los ochenta, las políticas impuestas por el Fondo Monetario Internacional y el Banco Mundial, para que el país pagara su deuda al Club de París forzaron la aplicación de un conjunto de medidas de ajuste. En lo que se refiere a la agricultura, estas implicaron una política de liberalización comercial y apertura de sus mercados, permitiendo la entrada masiva de productos subvencionados, como el arroz y el trigo, de multinacionales de la agroindustria norteamericanas y europeas, quienes empezaron a vender sus productos por debajo del precio de coste y haciendo la competencia desleal a los productores autóctonos. Las devaluaciones periódicas de la moneda somalí generaron también el alza del precio de los insumos y el fomento de una política de monocultivos para la exportación forzó, paulatinamente, el abandono del campo (Chossudovsky, 2003). Historias parecidas se dieron no solo en países de África, sino también en América Latina y Asia.

Subida de precios y especulación

La subida del precio de los cereales básicos es otro de los elementos señalados como detonante de la hambruna de 2011 en el Cuerno de África. En Somalia, el precio del maíz y el sorgo aumentó un 107% y un 180% en un año, de junio de 2010 a julio de 2011. En Etiopía, el coste del trigo subió un 86% en relación al año anterior. Y en Kenia, el maíz alcanzó un valor un 89% superior al de 2010 (World Bank, 2011). Un alza que convirtió estos alimentos en inaccesibles. Pero, ¿cuáles son las razones de la escalada de los precios? Varios indicios apuntan a la especulación financiera con las materias primas alimentarias como una de las causas principales.

El precio de los alimentos se determina en las bolsas de valores, la más importante de las cuales a nivel mundial es la de Chicago. Sin embargo, la mayor parte de la compra y la venta de estas mercancías, que se realiza a través de los mercados de futuro, no corresponde a intercambios comerciales reales. Se compran y venden materias primas con el objetivo de especular y hacer negocio, repercutiendo finalmente en un aumento del precio de la comida al consumidor. Los mismos bancos, fondos de alto riesgo, compañías de seguros, que causaron la crisis de las hipotecas *subprime*, son quienes ahora especulan con la comida, aprovechándose de unos mercados globales desregularizados y altamente rentables.

La crisis alimentaria en general y la hambruna en el Cuerno de África en particular son resultado de una globalización alimentaria al servicio de los intereses privados. La cadena de producción, distribución y consumo de alimentos está en manos de unas pocas multinacionales que anteponen sus intereses particulares a las necesidades colectivas. Grandes empresas que a lo largo de las últimas décadas han erosionado, con el apoyo de gobiernos e instituciones internacionales, la capacidad de los Estados del Sur, y también del Norte, para decidir sobre sus políticas agrícolas y alimentarias.

Producción versus *acceso*

Volviendo al principio, ¿por qué hay hambre en un mundo de la abundancia de comida? La producción mundial de cereales se ha multiplicado por tres desde los años sesenta, mientras que la población mundial tan solo se ha duplicado desde entonces (GRAIN, 2008). No nos enfrentamos a un problema de producción ni falta de alimentos, sino a un problema de acceso. Como señalaba el relator especial sobre el Derecho a la Alimentación de las Naciones Unidas, entre los años 2008 y 2014, Olivier de Schutter (2011): «El hambre es un problema político. Es una cuestión de justicia social y de políticas de redistribución». Más claro, imposible.

Los juegos del hambre era el título de una película de ficción dirigida por Gary Ross, basada en el *best-seller* de Suzanne Collins, donde unos jóvenes, en representación de sus comunidades, tenían que enfrentarse a vida o muerte para conseguir ganar y obtener, así, el triunfo: comida, bienes y regalos para el resto de su vida. A veces la realidad no dista tanto de la ficción. Algunos «juegan» con el hambre para ganar dinero.

La crisis alimentaria golpea de nuevo

Las crisis alimentarias de los años 2008 y 2011 pusieron de manifiesto, una vez más, la extrema vulnerabilidad del sistema agroalimentario. El precio de los alimentos, en especial el de los cereales básicos, alcanzó en ese periodo cifras récord. En marzo de 2008, el precio promedio del trigo a nivel mundial era un 130% más alto que el año anterior, la soja valía un 87% más, el arroz un 74% y el maíz un 31% (Holt-Giménez y Patel, 2010). En consecuencia, la comida se volvió algo inaccesible para muchas familias en los países del Sur, las cuales pueden llegar a destinar entre un 50 y un 60% de sus ingresos a la compra de alimentos, o hasta un 80% en los países más pobres.

Las «revueltas del hambre», las irrupciones masivas de gente en la calle exigiendo comer, fueron una constante a lo largo de 2008, debido al aumento de los precios alimentarios. Así lo vimos en países como Marruecos, Senegal, Filipinas, Pakistán, Haití, Indonesia... (Delcourt, 2009). Ningún continente quedó al margen. En 2011, los levantamientos populares en el norte de África y en Oriente Medio, conocidos como Primavera Árabe, tuvieron también entre sus múltiples detonantes la escalada del precio de la comida.

¿Cuáles fueron las causas de este aumento del coste de los alimentos? Instituciones internacionales y expertos varios señalaron algunas razones como el incremento de la demanda en países emergentes, los fenómenos meteorológicos que habrían afectado a las cosechas en países productores, la especulación con materias primas alimentarias en los mercados de futuros y bolsas internacionales, la creciente producción de agrocombustibles (Toussaint, 2008; Holt-Giménez y Patel, 2010). Desde mi punto de vista, estas dos últimas cuestiones fueron la clave.

El aumento del precio de la comida, sin embargo, se estancó en 2009, en parte debido a la crisis económica y la consiguiente disminución de la especulación financiera. A mediados de 2010, una vez apaciguados los mercados internacionales con cuantiosas sumas públicas inyectadas a la banca privada, la especulación alimentaria golpeó de nuevo. Los fondos de alto riesgo, los fondos de pensiones... se vieron incentivados para pedir nuevos préstamos e invertir en los mercados de futuro comprando mercancías con valor asegurado como los granos. ¡Qué hay más seguro que la comida para invertir, si todos, se supone, tenemos que comer! Unas adquisiciones desligadas de la oferta y la demanda real, especulativas, pero que repercutían al final en el precio de dichos productos conduciendo a una escalada de su valor y a una nueva crisis alimentaria.

¿Cómo funciona la especulación alimentaria?

De hecho, siempre se ha dado una cierta especulación con el precio de los alimentos y esta lógica impera en el funcionamiento de los mercados de futuro, que, tal y como los conocemos, datan de mediados del siglo XIX, cuando empezaron a funcionar en Estados Unidos. Estos son acuerdos legales estandarizados para hacer transacciones de mercancías físicas en un tiempo futuro establecido previamente y han sido un mecanismo para garantizar un precio mínimo al productor ante las oscilaciones del mercado (Holt-Giménez y Patel, 2010).

Para explicarlo en pocas palabras: el campesino vende a un comerciante la producción antes de la cosecha para protegerse de las inclemencias del tiempo, por ejemplo, y garantizarse un precio a futuro. El comerciante, por su parte, también se beneficia. El año en que la cosecha va mal, el campesino obtiene buenos ingresos; y cuando la cosecha es óptima, el comerciante aún se beneficia más.

Ahora, este mismo mecanismo es empleado por los especuladores para hacer negocio aprovechando la desregulación de los mercados de materias primas, que fue impulsada a mediados de los años noventa en Estados Unidos y Gran Bretaña por bancos, políticos partidarios del libre mercado y fondos de alto riesgo, en el marco del proceso de desregulación de la economía mundial. Los contratos para comprar y vender comida se convirtieron en «derivados», que podían comercializarse independientemente de las transacciones agrícolas reales. Nacía un nuevo negocio: la especulación alimentaria.

Los especuladores actualmente son quienes tienen más peso en los mercados de futuro.[2] En palabras de Michael Masters, gerente de Masters Capital Management y gestor de *hedge funds*, en una comparecencia ante el Congreso de los Estados Unidos, declaró: «En 1998, el mercado promedio de derivados de materias primas era un 25% especulativo. En 2008, los especuladores significaban alrededor del 65%. [...] Los especuladores incrementaron sus posiciones en un 120%» (Campaña Derecho a la alimentación. Urgente, 2011).

Entre los años 2006 y 2007, previos a la crisis alimentaria de 2008, inversores institucionales como bancos, compañías de seguros, fondos de inversión, entre otros, tras la caída del mercado de créditos hipotecarios de alto riesgo en Estados Unidos, buscaron lugares más seguros y con mayor rentabilidad donde invertir, como las materias primas, entre las que se encontraban las materias primas alimentarias como la soja, el trigo, el arroz, el maíz, etc. En la medida en que se incrementaban las inversiones sobre estos granos, aumentaba su precio.

En Alemania, el Deutsche Bank invierte desde hace años en mercancías alimentarias afirmando, a pesar de todas las evidencias, que esto no afecta al aumento de su precio... sino todo lo contrario.

2. En los mercados de futuro se compran y venden a futuro desde productos agrícolas (trigo, café, soja...) a minerales (oro, plata, petroleo...).

En declaraciones en su página web, y sin ningún tipo de pudor, señala: «El hambre mundial es un desafío urgente y seguirá creciendo en el futuro. La seguridad alimentaria es una parte vital de la solución. Una forma de ayudar a combatirla es invertir en materias primas agrícolas y en toda la cadena de valor agrícola» (Deutsche Bank, 2014). El BNP Paribas, uno de los principales bancos franceses, ofreció también en su momento a sus clientes fondos que especulaban con materias primas alimentarias, como el Parvest World Agriculture. La presión social llevó a la entidad a cancelar dicho fondo en 2013. Otras entidades financieras como Barclays Bank, Crédit Agricole, Commerzbank, etc., retiraron, asimismo, años atrás dichos productos.

En el Estado español, Catalunya Caixa instaba a sus clientes a principios de 2011 a invertir en materias primas bajo el lema «depósito 100% natural». ¿Y qué ofrecía? Una garantía del 100% del capital con posibilidad de obtener una rentabilidad de hasta el 7% anual. Y ¿cómo? En función, como indicaba en su publicidad, de «la evolución del rendimiento de tres materias primas alimentarias: azúcar, café y maíz». Para dar garantías de la alta rentabilidad, la publicidad no dudaba en señalar cómo la cotización de estos tres productos, los meses anteriores, había aumentado un 61%, un 34% y un 38% respectivamente, debido a «la demanda creciente que va a un ritmo superior a la producción», «por el incremento de la población mundial» y «su uso en agrocombustibles» (Catalunya Caixa, 2011). Catalunya Caixa retiró este producto a mediados de 2011, pocos meses después de su lanzamiento, fruto de una campaña de denuncia y movilización social en su contra. Hoy, el Banco Sabadell cuenta aún con un fondo especulativo que opera con alimentos, el BS Commodities.

«Petroleo verde»

La apuesta, por parte de varios gobiernos e instituciones internacionales, por los agrocombustibles, como el bioteanol, a mediados de los años 2000, en respuesta al aumento del precio del petroleo y con el objetivo de encontrar un petroleo alternativo, más barato, es responsable también del incremento del precio de la comida. La producción de agrocombustibles, a los que el sector denomina «biocombustibles», en una clara estrategia de *marketing* empresarial, necesita de maíz, arroz, trigo y cebada para su elaboración. El aumento de la demanda de dichos productos para producir «petroleo verde» conduce a una subida de su precio y esto repercute finalmente en el coste de los alimentos al consumidor.

Desde el año 2004, dos tercios del aumento de la producción mundial de maíz fueron destinados a satisfacer la demanda norteamericana de agrocombustibles. En el 2010, el 35% de la cosecha de maíz de Estados Unidos, que significa un 14% de la producción de maíz mundial, fue utilizada para producir bioetanol. Esta tendencia va al alza. Se calcula que en 2020, dependiendo de la velocidad de expansión de los agrocombustibles, el precio internacional del maíz podría aumentar entre un 26% y un 72% y el de las semillas oleaginosas entre un 18% y un 44% (Holt-Giménez y Patel, 2010). ¿Alimentos para comer o para los coches? Lester R. Brown (2007), presidente del Earth Policy Institute en Estados Unidos, ponía blanco sobre negro: «Desde el punto de vista agrícola, la demanda de combustible para la automoción es insaciable. Los granos necesarios para llenar un tanque de 95 litros permitirían alimentar a una persona durante todo un año».

La especulación con los alimentos y los agrocombustibles fueron sin embargo la chispa que prendió en un modelo agrícola extremadamente vulnerable. Las crisis alimentarias de los años 2008 y 2011 fueron tan solo la muestra de un sistema enfermo.

Menos tierra, menos comida

África es una tierra expoliada. Sus recursos naturales han sido arrebatados a sus comunidades a lo largo de siglos de dominio y colonización. Aunque no solo se trata del expolio de oro, petróleo, coltán, caucho, diamantes... sino también de agua, tierras, semillas que dan de comer a sus habitantes. Si el 80% de la población en el Cuerno de África, como indica la Organización de las Naciones Unidas para la Alimentación y la Agricultura (FAO) (2012a), depende de la agricultura como principal fuente de alimentos e ingresos, ¿qué hacer cuando no hay tierra que cultivar?

En los últimos años, la oleada creciente de privatización de tierras en África (su compra por parte de gobiernos extranjeros, multinacionales agroalimentarias o fondos de inversión) ha hecho aún más vulnerable su precario sistema agrícola (GRAIN, 2012a). Con campesinos y campesinas expulsados de sus tierras, ¿dónde cultivar aquello que comer? Muchos países han visto reducir drásticamente su ya limitada capacidad de autoabastecimiento, después de décadas de políticas de liberalización comercial que han menguado su capacidad productiva.

La crisis alimentaria y financiera que estalló en 2008 dio lugar a un nuevo ciclo de apropiación de tierras a escala global (GRAIN, 2009a). Gobiernos de países dependientes de la importación de alimentos, con el objetivo de asegurar la producción de comida para su población, agroindustria e inversionistas, ávidos de nuevas y rentables inversiones, vienen adquiriendo desde entonces fértiles tierras en países del Sur. Una dinámica que amenaza la agricultura campesina y la seguridad alimentaria de estos países.

Nuevo colonialismo

Se calcula que entre los años 2008 y 2009, en tan solo un año, se han adquirido por esta vía alrededor de 56 millones de hectáreas de tierra a escala global, dos terceras partes (unos 30 millones) en África Subsahariana, donde esta es barata y su propiedad comunal la hace más vulnerable, según datos del Banco Mundial (Deininger y Byerlee, 2011). Antes de 2008, la «demanda» de tierra anual era inferior a los cuatro millones de hectáreas. El acaparamiento de suelo a partir del 2008 ha sido enorme. Otras fuentes, como el Global Land Project (2010), hablan de la adquisión de entre 51 y 63 millones de hectáreas solo en África, una extensión similar a la de Francia. Se trata de arrendamientos, concesiones o compra de tierras, las formas de transacción pueden ser múltiples y a menudo opacas, en una dinámica que algunos autores[3] han calificado de «nuevo colonialismo» o «colonialismo agrario», al tratarse de una recolonización indirecta de los recursos africanos.

El Banco Mundial ha sido uno de sus principales promotores desarrollando, junto a otras instituciones internacionales como la FAO, la Agencia para el Comercio y el Desarrollo de Naciones Unidas

3. Autores como el investigador medioambiental alemán Uwe Hoering o el antropólogo canadiense John G. Galaty, entre otros.

y el Fondo Internacional de Desarrollo Agrícola, lo que ha llamado Principios para una Inversión Agrícola Responsable, que legitima la apropiación de tierras por parte de inversores extranjeros (GRAIN, 2012b). A través de la International Finance Corporation, la institución afiliada al Banco Mundial que se ocupa del sector privado, ha promovido programas para eliminar barreras administrativas, cambiar leyes y regímenes fiscales en países del Sur e incentivar así las inversiones.

Países en venta

Etiopía, uno de los países más afectados por la hambruna de 2011 ofreció ese mismo año tres millones de hectáreas de tierra cultivable a inversores extranjeros de India, China, Pakistán, Arabia Saudita, entre otros. El negocio no podía ser mejor: 2.500 km^2 de tierra virgen productiva a 700 euros al mes, con un contrato a 50 años. Este fue el acuerdo que alcanzó el gobierno etíope y la empresa india Karuturi Global, una de las 25 mayores agroindustrias mundiales, que dedicó esas tierras al cultivo de aceite de palma, arroz, azúcar de caña, maíz y algodón para la exportación (Vidal, 2011). Las consecuencias: miles de campesinos y pueblos indígenas expulsados de sus tierras, en concreto aquellos que más padecían el hambre y la falta de alimentos, así como vastas extensiones de bosques talados y quemados.

Otros países de África como Mozambique, Ghana, Sudán, Malí, Tanzania, Kenia han arrendado millones de hectáreas de su territorio. En Tanzania, el gobierno de Arabia Saudita ha adquirido 500.000 hectáreas de tierra para producir arroz y trigo para la exportación. En el Congo, un 48% de su territorio agrícola está en manos de inversionistas extranjeros, en Mozambique más del 21% y en Uganda una extensión superior al 14% (Global Land Project, 2010). La conferencia académica Global Land Grabbing,[4] que tuvo lugar en Gran Bretaña en 2011, señaló el impacto negativo de dichas adquisiciones. Más de un centenar de estudios de casos documentados mostraban cómo estas inversiones no tenían ningún

4. Más información de la International Conference on Global Land Grabbing: http://www.future-agricultures.org/events/global-land-grabbing.

efecto positivo para las comunidades locales, al contrario generaban desplazamientos y mayor pobreza.

Desde hace años, el movimiento internacional de La Vía Campesina viene denunciando las consecuencias dramáticas que esta oleada masiva de acaparamiento de tierras tiene en las poblaciones de los países del Sur. Si queremos acabar con el hambre en el mundo es fundamental garantizar el acceso universal a la tierra, así como al agua y a las semillas, y prohibir especular y hacer negocio con aquello que nos da de comer.

¿Comer insectos para acabar con el hambre?

En 2013, la FAO publicó un informe que despertó cierto revuelo: *Insectos comestibles. Perspectivas de futuro para la seguridad alimentaria y la alimentación* (Van Huis et al., 2013), donde recomendaba el consumo de insectos para dar de comer a un número cada vez mayor de personas. Pero, ¿acabar con el hambre en el mundo pasa por empezar a consumir insectos o hacer accesible la comida a la gente? Yo me decanto por la segunda opción.

No tengo nada en contra el consumo de «bichos», que en otras latitudes es del todo habitual. De hecho, se estima que en el planeta al menos 2.000 millones de personas los ingieren regularmente: escarabajos, orugas, abejas, hormigas, saltamontes, langostas y un largo etcétera. Un total de 1.900 especies que se comen en países de África, Asia y América Latina, los cuales tienen un alto contenido en proteínas, materias grasas y minerales (Van Huis et al., 2013). Aquí, sin embargo, la sola idea de llevarnos a la boca estos insectos no nos produce sino asco.

Las tertulias en medios de comunicación que siguieron a la propuesta de la FAO abordaron el debate con una clara mirada etnocéntrica. Asociando el consumo de insectos a un comportamiento primitivo, como si nosotros tuviésemos la verdad absoluta sobre qué se puede y qué no se puede comer. Me pregunto, ¿qué pensarían en otros países de los caracoles en salsa, del conejo asado o, para rizar el rizo, de la paella de arroz y conejo con caracoles? Creo que más de un centroeuropeo no aguantaría ni dos minutos en la mesa imaginando su conejo mascota cocinado como un bistec y rodeado de moluscos babosos.

Más allá de consideraciones culturales, creo que el problema del hambre tiene que abordarse desde otra perspectiva. No se trata de apostar por la ingesta de insectos como solución mágica, independientemente de las virtudes nutritivas que estos puedan tener, sino el *quid* de la cuestión está en preguntarnos cómo en un mundo de la abundancia de alimentos hay tantas personas que no tienen qué comer. En la actualidad, el problema del hambre no radica en la producción de comida sino en su distribución. No se trata de producir más, o buscar nuevos comestibles, sino de distribuir aquellos que ya existen y hacerlos accesibles a la gente.

Un mundo de obesos y famélicos

Mientras millones de personas en el mundo no tienen qué comer, otros comen demasiado y mal. La obesidad y el hambre son dos caras de una misma moneda. La de un sistema alimentario que no funciona y que condena a millones de personas a la malnutrición. Vivimos, en definitiva, en un mundo de obesos y famélicos. Las cifras lo dejan claro: 870 millones de personas en el planeta pasan hambre, mientras 500 millones tienen problemas de obesidad. Aunque el hambre severa y la obesidad son tan solo la punta del iceberg: 2.000 millones de personas en el mundo padecen deficiencias de micronutrientes (hierro, vitamina A, yodo...) y 1.400 millones viven con sobrepeso (FAO, 2013a). El problema de la alimentación no consiste únicamente en si podemos comer o no, sino en qué ingerimos, de qué calidad y procedencia, cómo ha sido elaborado. No se trata solo de comer sino de comer bien.

Una problemática que no afecta exclusivamente a los países del Sur, sino que aquí cada vez nos resulta más cercana. Aquellos que cuentan con menos recursos económicos son los que tienen mayores dificultades para acceder a una alimentación sana y saludable, ya sea porque no se la pueden permitir o porque no se valora. En Estados Unidos, por ejemplo, la obesidad afecta sobre todo a la población afroamericana (36% del total) y a la latina (29%), según el Centro para el Control y la Prevención de Enfermedades de los Estados Unidos. La posición de clase determina, en buena medida, qué comemos.

La crisis económica no ha hecho sino empeorar esta situación. Cada vez más personas son empujadas a comprar productos baratos y menos nutritivos. En Gran Bretaña, por poner un caso, la crisis ha hecho que las ventas de carne de cordero, verduras y fruta fresca hayan disminuido considerablemente, mientras que el consumo de productos envasados, como galletas y pizzas, ha aumentado en los últimos cinco años (Ipsos, 2012). Una tendencia generalizable a otros países de la Unión Europea.

Millones sufren las consecuencias de este modelo de alimentación *fast food*, que acaba con nuestra salud. Las enfermedades vinculadas a lo que comemos no han hecho sino aumentar en los últimos tiempos: diabetes, alergias, colesterol, hiperactividad infantil, etc. Y esto tiene consecuencias económicas directas. La estimación global del coste económico del sobrepeso y la obesidad fue en 2010 de 1,4 billones de dólares aproximadamente (FAO, 2013a).

Pero, ¿quién sale ganando con este modelo? La industria agroalimentaria y los supermercados son los principales beneficiarios. Como afirma Raj Patel (2008) en su obra *Obesos y famélicos*: «El hambre y el sobrepeso globales son síntomas de un mismo problema. [...] Los obesos y los famélicos están vinculados entre sí por las cadenas de producción que llevan los alimentos del campo hasta la mesa.»

Sin trabajo, sin casa, sin alimentos

El hambre, creemos, cae muy lejos de nuestros apacibles hogares. Poco tiene que ver, pensamos, con la crisis económica que nos afecta. La realidad sin embargo es bien distinta. Cada vez son más las personas que aquí pasan hambre. Obviamente no se trata de la hambruna que afecta a países de África u otros, pero consiste en la imposibilidad de ingerir las calorías y proteínas mínimas necesarias, y esto tiene consecuencias sobre la salud y la vida. El hambre ha dejado de ser patrimonio de los países del Sur para llamar a nuestra puerta.

Desde hace años, nos llegan las terribles cifras del hambre en Estados Unidos: 49 millones de personas viven en hogares inseguros alimentariamente, un 14,5% del total, que incluyen a más de ocho millones de niñas y niños (USDA, 2012). Números a los que el escritor y fotógrafo David Bacon puso rostro en su contundente trabajo *Hungry By The Numbers* (Famélicos según las estadísticas). Las caras del hambre en el país más rico del mundo.

Golpeados por la crisis

En el Estado español, el hambre se ha convertido también en una realidad tangible. Sin trabajo, sin sueldo, sin casa y sin comida. Así se han encontrado muchísimas personas golpeadas por la crisis. Según datos del Instituto Nacional de Estadística (INE) (2013), 1.600.000 individuos, un 3,5% de la población, afirmaba «no poder permitirse una comida de carne, pollo o pescado al menos cada dos días». Las entidades sociales están desbordadas, y en los últimos años las demandas de ayuda por falta de alimentos, compra de medicinas, etc. no han hecho sino aumentar. Enfrentamos una situación de emergencia social.

Los pequeños son a menudo los que más sufren. En Barcelona, el ayuntamiento detectó, en 2013, a 2.865 menores con deficiencias alimentarias (Vallespín, 2013). En el Estado español, según Eurostat, la oficina estadística de la Comisión Europea, el 27% de la población infantil vive por debajo del umbral de la pobreza, un total de 2.267.000 niños y niñas (UNICEF, 2013). No solo los datos indican que el hambre infantil va en aumento, sino lo que se vive en numerosos colegios apunta en la misma dirección: pequeños que se desmayan en clase por no haber comido, otros que devoran hambrientos todo el plato en el comedor escolar, los que llevan el «mágico» pan con pan como desayuno y toca imaginar qué lleva dentro. Las historias tristemente son interminables. Solo hace falta preguntar, y escuchar, a quienes trabajan en escuelas de barrios y ciudades especialmente golpeados por la crisis.

Alimentos frescos e inaccesibles

La malnutrición es la otra cara del hambre. Según indican varias entidades sociales, un 17% de los menores que viven bajo el umbral de la pobreza sufren obesidad, el doble de quienes no tiene dificultades económicas (VVAA, 2013). La crisis convierte a los alimentos frescos (fruta, verdura, pescado y carne) en inaccesibles. La dieta de quienes menos tienen se deteriora rápidamente. Se compra poco y barato y se come mal. La espiral de paro, escasez, desahucios y hambre atrapa cada vez a más familias. Las demandas de ayuda para poder comer, aumentan al mismo ritmo que descienden nuestros derechos y se aplican los recortes. El Gobierno mira para otro lado y las comunidades autónomas, con considerables competencias en la materia, siguen pasando las tijeras.

No es de extrañar que incluso el prestigioso periódico estadounidense *The New York Times* publicara, en septiembre de 2012, una galería fotográfica de Samuel Aranda, ganador del World Press Photo 2011, que bajo el título *In Spain, Austerity and Hunger* (En España, austeridad y hambre), retrataba las consecuencias dramáticas de la crisis para miles de personas: hambre, pobreza, desahucios, paro. La tan cacareada «marca España» es sinónimo de miseria y hambruna. De hecho, el Estado español cuenta con las tasas de pobreza más elevadas de toda Europa, solo por detrás de Rumanía y Grecia (Fundación Foessa, 2014). Una realidad evidente hacia a fuera, a pesar de que algunos la quieran esconder.

El siniestro despilfarro alimentario

Alimentos de no usar y tirar. Así funciona el sistema agroalimentario visto el número de comida que despilfarra. En el Estado español, se tiran cada año 7,7 millones de toneladas de comida en buen estado, según datos del Ministerio de Agricultura, Alimentación y Medio Ambiente (2013a). Se trata del sexto país que más alimentos desperdicia en Europa, después de Alemania, Holanda, Francia, Polonia e Italia. En el conjunto de la Unión, la cifra asciende a 89 millones: 179 kilos por habitante y año. Un número que sería incluso muy superior si en los cálculos se incluyeran los residuos de alimentos de origen agrícola generados en el proceso de producción o los descartes de pescado arrojados al mar. En definitiva, se calcula que en Europa, a lo largo de toda la cadena agroalimentaria, del campo al hogar, se pierde hasta el 50% de los alimentos comestibles.

Despilfarro y derroche *versus* hambre y penuria. La crisis convierte el malbaratamiento en un drama macabro, donde mientras millones de toneladas de comida son desperdiciadas anualmente, millones de personas no tienen qué comer. En la Unión Europea, cerca de 80 millones de personas viven por debajo del umbral de la pobreza, un 16% de la población. De estos, 16 millones dependen de la caridad y la ayuda alimentaria (Parlamento Europeo, 2012).

¿Dónde se tira la comida?

Y, ¿cómo y dónde se tira tantísima comida? En el campo, cuando el precio cae por debajo de los costes de producción o cuando la mercancía no cumple los criterios de tamaño y aspecto dictados, ya sea debido al mal tiempo o a las plagas, el agricultor opta por no recolectarla, ya que el coste de la cosecha sería superior al que le pagarían por el producto.

En los mercados mayoristas y las centrales de compra, donde los alimentos tienen que pasar una especie de «certamen de belleza» respondiendo a los criterios establecidos, principalmente, por los supermercados.

En la gran distribución («súpers», hipermercados, cadenas de descuento), que requieren de un alto número de productos para tener los estantes siempre llenos, aunque después caduquen y se tengan que tirar, donde se producen errores en la confección de los pedidos, hay problemas de envasado y deterioro de los alimentos frescos. En otros puntos de venta al detalle, como mercados y tiendas, en los que se tira aquello que ya no se puede vender.

En restaurantes y bares, en los que el 60% de los desperdicios son consecuencia de una mala previsión, el 30% se despilfarra al preparar las comidas y el 10% responde a las sobras de los comensales, según un informe de Unilever Food Solutions avalado por la Federación Española de Hostelería y Restauración (Agudo, 2012).

En casa, cuando los productos se estropean porque hemos comprado más de lo que necesitábamos, dejándonos llevar por ofertas de última hora y reclamos tipo 2x1, al no saber interpretar un etiquetado confuso o por envases que no se adecuan a nuestras necesidades.

El desperdicio alimentario tiene causas y responsables diversos, aunque básicamente responde a un problema estructural y de fondo: los alimentos se han convertido en mercancías de compra y venta. De este modo, si la comida no cumple unos determinados criterios estéticos, no se considera rentable su distribución, se deteriora antes de tiempo... se desecha. El impacto de la globalización alimentaria al servicio de los intereses de la agroindustria y la gran distribución tiene una gran responsabilidad en ello. Poco importa que millones de personas pasen hambre. Lo fundamental es vender. Si no lo puedes comprar, no cuentas.

Hurgar en la basura, un delito

Y, ¿qué pasa si intentas recoger la comida que sobra? O bien te puedes encontrar con el contenedor cerrado bajo llave como ha hecho el consistorio de Girona con los depósitos situados frente a los supermercados, alegando «alarma social» ante el hecho de que cada vez son más las personas que toman alimentos de la basura. O bien puedes enfrentarte a una multa de 750 euros si hurgas en los contenedores madrileños. Como si el hambre o la pobreza fuesen una vergüenza o un delito, cuando lo vergonzoso y propio de delincuentes son las toneladas de comida que se tiran diariamente, fruto de los dictados del agronegocio y los supermercados, y que cuenta con el beneplácito de las administraciones públicas.

Los supermercados nos dicen que donan comida a los bancos de alimentos, en un intento de lavarse la cara. Sin embargo, según un estudio del Ministerio de Agricultura, Alimentación y Medio Ambiente (2012), solo un 20% lo hace. Y esto, además, no es la solución. Dar comida puede ser una respuesta de emergencia, una tirita o incluso un torniquete, en función de la herida, pero es imprescindible ir a la raíz del problema, a las causas del despilfarro, y cuestionar un modelo agroalimentario pensado no para alimentar a las personas sino para que unas pocas empresas se lucren.

II. ¿DE DÓNDE VIENE LO QUE COMEMOS?

Un menú globalizado

¿Qué tienen en común la India, Senegal, los Estados Unidos, Colombia, Marruecos, el Estado español y muchos otros países? Que la alimentación es cada vez más parecida, a pesar de las importantes diferencias que aún perviven. Más allá de la McDonalización de nuestras sociedades y el consumo globalizado de Coca-Cola, la ingesta mundial de alimentos depende progresivamente de unas pocas variedades de cultivos. El arroz, la soja, el trigo, el maíz se imponen, en detrimento de otras producciones como el mijo, la yuca, el centeno, la batata, el sorgo o el camote. Si la alimentación depende de unas reducidas variedades, ¿qué puede suceder ante una mala cosecha o una plaga? ¿Tenemos el plato asegurado?

Avanzamos hacia un mundo con más comida menos diversidad y mayor inseguridad alimentaria. Alimentos como la soja, que hasta hace poco años eran irrelevantes, se han convertido en indispensables para tres cuartas partes de la humanidad. Otros, ya significativos, como el trigo o el arroz se han extendido a gran escala, siendo consumidos ahora por un 97% y un 91% de la población mundial (CGIAR, 2014).

Se impone asimismo una alimentación occidentalizada «adicta» al consumo de carne, productos lácteos y bebidas con azúcar. Mercados alimentarios con intereses empresariales claros. Así lo explica en detalle, el estudio *Aumentando la homogeneidad en las cadenas alimentarias globales y las implicaciones en la seguridad alimentaria* (Khoury, 2014), que afirma caminamos hacia una «dieta globalizada».

Menos variedad

Un menú que, según los autores de dicho informe, es «una amenaza potencial para la seguridad alimentaria». ¿Por qué? En primer lugar, porque a pesar de consumir más calorías, proteínas y grasas que hace cincuenta años, la alimentación contemporánea es menos variada y es más difícil ingerir los micronutrientes necesarios para el organismo. A la vez, afirman, en la actualidad «la preferencia por alimentos densos energéticamente y basados en un número limitado de cultivos agrícolas globales y productos procesados se asocia al aumento de enfermedades no transmisibles como diabetes, problemas del corazón o algunos tipos de cáncer». La salud está en juego.

La homogeneización de lo que comemos, en segundo lugar, nos hace más vulnerables a malas cosechas o a plagas, las cuales se prevé aumentarán con la intensificación del cambio climático. Somos dependientes de unos pocos cultivos, en manos de un puñado de empresas que producen a gran escala en la otra punta del planeta, en condiciones laborales precarias, a partir de la deforestación de bosques, contaminación de suelos y aguas y uso sistemático de agrotóxicos.

No se trata de estar en contra de un cambio de hábitos alimentarios, el problema se da cuando estos son impuestos por intereses económicos particulares, al margen de las necesidades de las personas. La «dieta globalizada» es resultado de una «producción-distribución-consumo globalizado», donde ni campesinos ni consumidores contamos. Creemos decidir qué comemos, pero no es así. Como afirmaba el relator especial sobre el Derecho a la Alimentación de las Naciones Unidas, Olivier de Schutter: «La principal deficiencia de la economía alimentaria es la falta de democracia» (Oficina del relator especial sobre el Derecho a la Alimentación de las Naciones Unidas, 2014a). Y sin democracia del campo a la mesa, ni elegimos ni comemos bien.

Semillas secuestradas

¿Quién ha oído hablar alguna vez de la berenjena blanca, el melón piñonet, la patata bonita negra, la calabaza buen gusto, el tomate bombilla, o la lechuga lengua de buey? Difícil. Se trata de variedades locales y antiguas que han quedado al margen de los canales habituales de producción y consumo de alimentos. Variedades en peligro de extinción.

La alimentación moderna depende de unas pocas variedades agrícolas y ganaderas. En la actualidad, tan solo cinco variedades de arroz proporcionan el 95% de las cosechas en los mayores países productores y el 96% de las vacas de ordeño en el Estado español pertenecen a una sola raza, la frisona, la más común a escala mundial en producción lechera (Veterinarios Sin Fronteras, 2007). Según datos de la FAO (2010a), un 75% de las variedades agrícolas han desaparecido a lo largo del último siglo.

La desaparición de sabores y conocimientos

Esta pérdida de agrodiversidad no tiene consecuencias únicamente ecológicas y culturales, sino que implica la desaparición de sabores, principios nutritivos y conocimientos gastronómicos, y amenaza la seguridad alimentaria al depender de unos pocos cultivos y ganado. A lo largo de los siglos, el saber campesino fue mejorando las variedades, adaptándolas a las diversas condiciones agroecológicas a partir de prácticas tradicionales, como la selección de semillas y los cruces para desarrollar cultivos.

Las variedades contemporáneas en cambio dependen del uso intensivo de agrotóxicos y fertilizantes químicos, con un negativo impacto social y medioambiental, siendo más vulnerables a sequías, enfermedades y plagas. La industria «mejoró» las semillas para adaptarlas a los intereses de un mercado globalizado, dejando en un segundo plano las necesidades alimentarias y nutritivas.

Hasta hace un siglo, miles de variedades de maíz, arroz, calabaza, tomate, patata… abundaban en comunidades campesinas. A lo largo de 12.000 años de agricultura, se manejaron unas 7.000 especies de plantas y varios miles de animales para la alimentación, pero hoy, según datos del Convenio sobre Diversidad Biológica, solo 15 variedades de cultivos y 8 de animales representan el 90% de nuestra alimentación (FAO, 2007).

Privatizando los bienes comunes

La agricultura industrial e intensiva, a partir de la revolución verde,[1] apostó por unos pocos cultivos comerciales, variedades uniformes, con una estrecha base genética y adaptadas a las necesidades del mercado (cosechas con maquinaria pesada, preservación artificial y transporte de largas distancias, uniformización en el sabor y la apariencia). Unas políticas que impusieron semillas industriales, híbridas y transgénicas, con el pretexto de aumentar su rentabilidad y producción, desacreditando las semillas campesinas y privatizando su uso.

De este modo, y con el paso del tiempo, se han ido emitiendo patentes sobre una gran diversidad de simientes, plantas, animales, etc., erosionando el derecho campesino a mantener sus propios recursos naturales y amenazando medios de subsistencia y tradiciones. A través de dichos sistemas, las empresas se han adueñado de organismos vivos y, con la firma de contratos, el campesinado depende en estos momentos de la compra anual de semillas. Estas, que representaban un bien común, patrimonio de la humanidad, han sido privatizadas, patentadas y, en definitiva, «secuestradas».

La generalización de las semillas híbridas y transgénicas fue otro de los mecanismos utilizados para controlar su comercialización. Las variedades transgénicas además contaminan las tradicionales, a través del aire y la polinización, condenándolas a su desaparición e imponiendo un modelo alimentario en manos de la agroindustria. El mercado mundial de semillas está extremadamente monopolizado y solo seis empresas (Syngenta, Bayer, BASF, Dow Chemical, Monsanto y DuPont) controlan el 60% del total (Grupo ETC, 2013).

Ahora, más que nunca, mantener, recuperar e intercambiar las semillas campesinas es un acto de desobediencia y responsabilidad a favor de la vida, la dignidad y la cultura.

1. La revolución verde consistió en una serie de políticas, impulsadas por gobiernos como el de Estados Unidos, fundaciones como la Fundación Ford y la Fundación Rockefeller e instituciones internacionales, a partir de los años 40 y principalmente en los 60 y 70, que bajo la consigna de mejorar la producción agrícola afirmaban acabarían con el hambre en el mundo. En realidad, la revolución verde significó la privatización de los insumos y las prácticas agrícolas.

Una alimentación adicta al petróleo

Comemos petróleo, aunque no lo parezca. El modelo alimentario es adicto al «oro negro». Sin petroleo, no podríamos comer como lo hacemos. Sin embargo, ante un escenario donde cada vez va a ser más difícil extraer petróleo y este resultará más caro, ¿cómo vamos a alimentarnos?

La agricultura industrial nos ha hecho dependientes del petróleo. Desde el cultivo, la recolección, la comercialización y hasta el consumo, necesitamos de él. La revolución verde, las políticas que nos dijeron modernizarían la agricultura y acabarían con el hambre, diseñadas e implementadas entre los años cuarenta y setenta, nos convirtieron en «yonquis» de este combustible, en parte gracias a su precio relativamente barato. La maquinización de los sistemas agrícolas y el uso intensivo de fertilizantes y pesticidas químicos son el mejor ejemplo. Estas políticas significaron la privatización de la agricultura, dejándonos, a campesinos y a consumidores, a merced de unas pocas empresas del agronegocio.

A pesar de que la revolución verde insistió en que aumentaría la producción de comida y, como resultado, acabaría con el hambre, la realidad no fue así. Por un lado, sí que la producción por hectárea creció. Según datos de la FAO, entre los años setenta y noventa, el total de alimentos per cápita a nivel mundial subió un 11%. Sin embargo, esto no repercutió en una disminución real del hambre, ya que el número de personas hambrientas en el planeta, en ese mismo período y sin contar a China cuya política agrícola se regía por otros parámetros, ascendió también en un 11%, pasando de los 536 millones a los 597 (Riechmann, 2003).

En cambio, la revolución verde tuvo consecuencias muy negativas para pequeños y medianos campesinos y para la seguridad alimentaria a largo plazo. En concreto, incrementó el poder de las empresas agroindustriales en toda la cadena productiva, ocasionó la pérdida de agrodiversidad, redujo masivamente el nivel freático, intensificó la salinización y la erosión del suelo, desplazó a millones de agricultores del campo a las ciudades miseria, desmantelando los sistemas agrícolas tradicionales, y nos convirtió en dependientes del petróleo.

Una agricultura «yonqui»

La introducción de maquinaria agrícola a gran escala fue uno de los primeros pasos. En Estados Unidos, por ejemplo, en 1850 la tracción animal era la principal fuente de energía en el campo, representaba un 53% del total, seguida de la fuerza humana, con un 13%. Cien años más tarde, en 1950, ambas sumaban tan solo el 1%, ante la introducción de máquinas de combustible fósil (Pimentel y Pimentel, 2007). La dependencia de la maquinaria agrícola (tractores, cosechadoras, camiones...), más necesaria si cabe en grandes plantaciones y monocultivos, es enorme. Desde la producción, la agricultura está «enganchada» al petróleo.

El sistema agrícola actual con el cultivo de alimentos en grandes invernaderos, independientemente de su temporalidad y el clima, muestra la necesidad de derivados del petróleo y de un elevado consumo energético. Desde mangueras pasando por contenedores hasta acolchados, mallas, techos y cubiertas, todo es plástico. El Estado español está a la cabeza del cultivo bajo plásticos en la Europa mediterránea con 66.000 hectáreas cultivadas, la mayor parte en Andalucía, y en particular Almería, seguida, a más distancia, de Murcia y Canarias (Europa Press, 2009). Y, ¿qué hacer con tanto plástico una vez finaliza su vida útil?

El uso intensivo de fertilizantes y pesticidas químicos son una muestra más de la adicción al petróleo. La comercialización de fertilizantes y pesticidas ha aumentado un 18% y un 160% entre los años 1980 y 1998 (Jones, 2001). El sistema agrícola dominante necesita altas dosis de fertilizantes elaborados con petróleo y gas natural, como amoniaco, urea, etc., que sustituyen los nutrientes del suelo. Multinacionales petroleras, como Repsol, Exxon Mobile, Shell, Petrobras, cuentan en su cartera con inversiones en producción y comercialización de fertilizantes agrícolas.

Los pesticidas químicos de síntesis son otra fuente importante de dependencia de este combustible fósil. La revolución verde generalizó el uso de plaguicidas y, en consecuencia, la necesidad de petróleo para elaborarlos. Todo esto, sin mencionar el efecto en el medio ambiente del uso de dichos agrotóxicos, contaminación y agotamiento de tierras y aguas, y en la salud del campesinado y el consumidor.

Alimentos viajeros

La necesidad de petróleo la observamos también en los largos viajes que realizan los alimentos desde donde se cultivan hasta el lugar en que se consumen. Se calcula que la comida viaja de media unos 5.000 kilómetros del campo al plato, con el consiguiente menester de hidrocarburos e impacto en el medio ambiente. Estos «alimentos viajeros» generan casi cinco millones de toneladas de CO^2 al año, contribuyendo a la agudización del cambio climático (González, 2012).

La globalización alimentaria en su carrera por obtener el máximo beneficio, deslocaliza la producción de alimentos, como ha hecho con tantos otros ámbitos de la economía. Produce a gran escala en los países del Sur, aprovechándose de unas condiciones laborales precarias y una legislación medioambiental casi inexistente, y vende su mercancía acá a un precio competitivo. O produce en el Norte, gracias a subvenciones agrarias en manos de grandes empresas, para después comercializar dicha mercancía subvencionada en la otra punta del planeta, vendiendo por debajo del precio de coste y haciendo la competencia desleal al campesinado autóctono. Aquí reside el porqué de los alimentos kilométricos: máximo beneficio para unos pocos; máxima precariedad, pobreza y contaminación para la mayoría.

En el año 2007, se importaron en el Estado español más de 29 millones de toneladas de alimentos, un 50% más que en 1995. Tres cuartas partes fueron cereales, preparados de cereales y piensos para la ganadería industrial, la mayor parte llegados de Europa y América Central y del Sur. Incluso comestibles típicos, como el garbanzo o el vino, los acabamos consumiendo de miles de kilómetros de distancia. El 87% de los garbanzos que comemos, por ejemplo, vienen de México, en el Estado español su cultivo ha caído en picado (González, 2012). ¿Qué sentido tiene dicho ajetreo internacional de alimentos desde un punto de vista social y medioambiental? Ninguno.

Pongamos un caso: una comida típica dominical en Gran Bretaña con patatas de Italia, zanahorias de Sudáfrica, judías de Tailandia, ternera de Australia, brócoli de Guatemala y con fresas de California y arándanos de Nueva Zelanda de postres genera 650 veces más gases de efecto invernadero, debido al transporte, que si dicha comida hubiese sido cultivada y comprada a nivel local. La cifra total de kilómetros que el conjunto de estos «alimentos viajeros» suman del campo a la mesa es de 81.000, el equivalente a dos vueltas enteras al planeta tierra (Jones, 2001). Algo irracional, si tenemos en cuenta que muchos de estos productos se cultivan a nivel local. Gran Bretaña importa grandes cantidades de leche, cerdo, cordero y otros alimentos básicos, a pesar de que exporta cantidades similares de los mismos (Halweil, 2003). Aquí, pasa igual.

Comiendo plástico

Una vez los alimentos llegan al supermercado, ¿qué sucede? Plástico y más plástico, derivado del petroleo. Así, encontramos un embalaje primario que contiene el alimento, un empaquetado secundario que permite una atractiva exhibición en el establecimiento y, al final, bolsas para llevártelo a casa. En Catalunya, de los cuatro millones de toneladas de residuos anuales, un 25% corresponden a envases de plástico (Fundació Privada Catalana de Prevenció de Residus i Consum Responsable, 2010). Los supermercados lo empaquetan todo, la venta a granel ha pasado a la historia. Un estudio encargado por la Agència Catalana del Consum concluía que comprar en comercios de proximidad generaba un 69% menos de residuos que hacerlo en un supermercado o una gran superficie (Generalitat de Catalunya, 2010).

Una anécdota personal ilustra bien esta tendencia. De pequeña en casa, compraban el agua embotellada en grandes garrafas de vidrio de ocho litros, hoy casi toda el agua que se comercializa está embotellada en envases de plástico. Se ha puesto de moda, incluso, comprarla en packs de seis unidades de litro y medio. No es de extrañar, que de los 260 millones de toneladas de residuos de plástico en el mundo, la mayor parte sean envases de botellas de agua o leche. El Estado español, por cierto, es el principal productor en Europa de bolsas de plástico de un solo uso y el tercer consumidor. Se calcula que la vida útil de una bolsa de plástico es de 12 minutos de media, pero su descomposición puede tardar unos 400 años (Fundación Tierra, 2012). Saquen conclusiones.

Vivimos en un planeta de plástico, como retrataba el austríaco Werner Boote en su brillante film *Plastic Planet* (Planeta de plástico), donde afirmaba: «La cantidad de plástico que hemos producido desde el principio de la edad del plástico es suficiente para envolver hasta seis veces el planeta con bolsas». No solo eso, ¿qué impacto tiene en la salud su omnipresencia en la vida cotidiana? Un testimonio en dicho film decía: «Comemos y bebemos plástico». Y esto, como denuncia el documental, tarde o temprano nos pasa factura.

La gran distribución no solo ha generalizado el consumo de ingentes cantidades de plástico sino también el uso del coche para ir a comprar. La proliferación de hipermercados, grandes almacenes y centros comerciales en las afueras de las ciudades ha obligado al uso del coche privado para desplazarse hasta estos establecimientos. Si tomamos como ejemplo Gran Bretaña, entre los años 1985/86 y 1996/98 el número de viajes a la semana por persona en coche para hacer la compra pasó de 1,7 a 2,4. El total de la distancia recorrida igualmente aumentó, de los 14 kilómetros por persona a la semana a los 22 kilómetros, un ascenso del 57% (Jones, 2001). Más kilómetros, más petroleo y más CO^2, en detrimento además del comercio local. Si en el año 1998, existían en el Estado español 95.000 tiendas, en el 2004 esta cifra se había reducido a 25.000 (Vivas, 2007a).

Según la Agencia Internacional de la Energía, la producción de petróleo convencional alcanzó su pico en 2006 (Turiel, 2010). En un mundo donde el petroleo escasea, ¿qué y cómo vamos a comer? Es necesario tener en cuenta que a más agricultura industrial, intensiva, kilométrica, globalizada, más dependencia del petroleo. Por contra, en un sistema campesino, agroecológico, local, de temporada, menos «adición» a los combustibles fósiles. La conclusión, creo, es clara.

Otra agricultura para otro clima

Aunque a primera vista no lo parezca, la agricultura y la ganadería industrial son dos de las principales responsables del cambio climático. Según las investigaciones llevadas a cabo por la organización GRAIN (2011b), entre un 44% y un 57% de las emisiones de gases de efecto invernadero son provocadas por el conjunto del modelo de producción, distribución y consumo de alimentos. Una cifra resultado de sumar las emisiones de las actividades estrictamente agrícolas (11%-15%), del cambio de uso del suelo y la deforestación con fines agrícolas (15%-18%), del procesamiento, transporte, empaquetado y refrigeración de los alimentos (15%-20%) y de los deshechos orgánicos (3%-4%).

Intensivo, industrial, kilométrico y «petrodependiente»

No podemos olvidar los elementos que caracterizan a este sistema agroalimentario: intensivo, industrial, kilométrico, deslocalizado y «petrodependiente». Veámoslo en detalle. Intensivo, porque lleva a cabo una sobreexplotación de los suelos y los recursos naturales, generando la liberación de gases de efecto invernadero por parte de campos de cultivo y pastos. Al anteponer la productividad, por delante del cuidado del medio ambiente y la regeneración de la tierra, se rompe el equilibrio mediante el cual los suelos capturan y almacenan carbono, contribuyendo a la estabilidad climática.

Industrial, porque consiste en un modelo de producción mecanizado, con uso regular de agroquímicos y con una apuesta clara por los monocultivos. La utilización de grandes tractores para labrar la tierra y procesar la comida contribuye a la liberación de más CO^2. El uso de fertilizantes químicos en la agricultura así como la ganadería moderna generan una importante cantidad de óxido nitroso, una de las principales fuentes de emisión de gases de efecto invernadero. Asimismo, la quema de bosques vírgenes y selvas tropicales para convertirlos en pastos o monocultivos acaba afectando a la biodiversidad y contribuye a la liberación masiva de carbono.

Kilométrico y «petrodependiente», porque se trata de una producción de mercancías deslocalizada, en búsqueda de la mano de obra más barata y la legislación ambiental más transigente. Los alimentos que consumimos recorren miles de kilómetros antes de llegar a la mesa, con el consiguiente impacto en el ecosistema. Se calcula, según un informe de la Fundación Tierra (2006), que la mayor parte de los alimentos viaja entre 2.500 y 4.000 kilómetros antes de ser consumidos, un 25% más que en 1980. Otro trabajo de Amigos de la Tierra señala que esta cifra podría ascender hasta los 5.000 kilómetros (González, 2012). Nos encontramos ante una situación insostenible donde, por ejemplo, la energía para mandar unas lechugas de Almería a Holanda es tres veces superior a la utilizada para cultivarlas, a la vez que consumimos alimentos que provienen de la otra punta del mundo cuando muchos de estos se cultivan aquí (Fundación Tierra, 2006).

Ganadería y gases de efecto invernadero

La ganadería industrial es otro de los principales generadores de gases de efecto invernadero. Se estima que es responsable del

18% de los mismos, una cifra superior incluso a la que ocasiona el transporte. En concreto, la ganadería industrial provoca el 9% de las emisiones antropocéntricas de CO^2 (principalmente debidas a la deforestación), el 37% de las emisiones de metano (por la digestión de los rumiantes) y el 65% del óxido nitroso (por el estiércol). En la actualidad, casi un 60% de la superficie agrícola se destina a la ganadería: un 26% tiene como fin la producción de pastos y un 33% la producción de granos para pienso (Steinfeld et al., 2006).

Sin embargo, a pesar de estos datos, el cambio climático se puede parar. La agricultura campesina, local y agroecológica es capaz de contribuir de forma determinante a ello. Se trata de devolver a la tierra la materia orgánica que se le ha quitado, después de que la revolución verde agotó los suelos con el uso intensivo de fertilizantes químicos, pesticidas, etc. Para hacerlo, hace falta apostar por técnicas agrícolas sostenibles que pueden aumentar de manera gradual la materia orgánica de la tierra en un 2% en un periodo de cincuenta años, restituyendo el porcentaje eliminado desde la década de los sesenta (GRAIN, 2009b).

Es necesario apostar por un modelo de producción diversificado, incorporando praderas y abono verde, integrando de nuevo la producción animal en el cultivo agrícola, con árboles y plantas silvestres. Con estas prácticas, se calcula que sería posible capturar hasta dos tercios del exceso de CO2 en la atmósfera (GRAIN, 2009b). El movimiento internacional de La Vía Campesina (2007) lo tiene claro cuando señala que la agricultura campesina puede enfriar el planeta.

Alimentos kilométricos en Navidad

Llega la Navidad, y con ella las comidas con familiares y amigos. La Navidad es una fiesta eminentemente gastronómica. Junto a los clásicos de estas fechas, como los turrones, los polvorones, los mazapanes, en Catalunya la *escudella* y los canelones, en Galicia el bacalao con coliflor, encontramos cada vez más platos como los langostinos, la ensalada de piña, el *foie gras*, entre otros. ¿De dónde vienen estos alimentos? ¿Cuántos kilómetros han recorrido antes de llegar al plato? ¿Cómo han sido elaborados?

De langostinos, piñas y uvas

Si analizamos el menú de Navidad, nos damos cuenta de que un buen número de los productos que consumimos han viajado largas distancias antes de acabar en la cocina de casa. Los langostinos, habituales de esta época, son un buen ejemplo. A pesar de la existencia de especies autóctonas como la gamba roja, la gamba blanca o el langostino de Vinarós, estas suelen salir caras, y la gran mayoría opta por comprar otro tipo de crustáceo como el langostino, que tiene su origen en el trópico latinoamericano o asiático. Además del largo viaje hasta nuestra mesa, y sus efectos en la generación de gases de efecto invernadero, su producción tiene un impacto muy negativo a nivel social (sueldos de miseria, uso habitual de químicos y antibióticos para conservarlos que acaban afectando la salud) y medioambiental (destrucción de fondos marinos debido a la pesca de arrastre, manglares talados para construir piscifactorías). El Estado español es el principal importador de langostinos de la Unión Europea (Ecologistas en Acción, 2011), y el tercero mundial, justo por detrás de Estados Unidos y Japón.

La piña se ha convertido en los últimos tiempos en otro de los clásicos de las fiestas. Tres cuartas partes de las que se comercializan en Europa provienen de Costa Rica. Un país que ha doblado su producción en tan solo quince años, en manos de dos grandes multinacionales estadounidenses Del Monte y Dole, quienes monopolizan la producción e imponen unas condiciones laborales extremadamente precarias, impidiendo la organización sindical y contaminando el medio ambiente. Muchos de sus trabajadores, entre un 60% y un 90% en función de la región, son inmigrantes nicaragüenses, la mayoría sin papeles, que trabajan entre seis y siete días a la semana, doce horas diarias, por salarios de miseria que apenas les da para sobrevivir. Los casos de contaminación por inhalación de sustancias tóxicas aplicadas en las plantaciones son frecuentes y la persecución sindical una constante.

Se calcula que el cultivo intensivo de piña necesita hasta 20 kilos de pesticidas por hectárea, con la consiguiente esterilización del suelo, pérdida de biodiversidad e impacto en la salud humana. Se trata de agrotóxicos legales en Costa Rica pero de lo más controvertidos a escala mundial, como indica el excelente documental *Piñas: el precio oculto de la fruta tropical,* de la periodista Felicity Lawrence y

Consumers International. Como concluye el film: «Cuanto menos paga el consumidor en Europa, mayor es el precio que tiene que pagar Costa Rica».

Los espárragos son también habituales en los aperitivos navideños, pero a veces, a pesar de que en la etiqueta figure el distintivo de «esparrago de Navarra», su origen puede ser Perú o China, como sucedió con los comercializados por Conservas de Navarra. Una estafa por la que la empresa fue condenada a pagar 30.000 euros de multa y a retirar su producto del mercado (Pamplona actual, 2013). Leer la etiqueta ya no es suficiente cuando se va a comprar al súper, a la tienda o al mercado.

Incluso un alimento tan típico como es la uva de fin de año viene en su mayoría de Chile, el primer exportador mundial (Bravo, 2013). Si antes había variedades locales con una maduración tardía, como la uva de Navidad, hoy la mayor parte de las que consumimos en estas fechas llega de la otra punta del planeta. O si por Navidad comemos melón con jamón, ya no lo hacemos de la variedad local melón de Navidad, sino que acabamos comprando productos que han sido conservados durante meses en cámaras frigoríficas, donde han perdido muchas propiedades, o que vienen de lugares tan lejanos como América del Sur.

Matar al gallo

El pollo asado, relleno o el capón son otros platos típicos. El consumo de carne, nos dicen, resulta imprescindible en estas fiestas. Ya lo cuenta una canción catalana: «Ara ve Nadal, matarem el gall i a la tia Pepa li donarem un tall» (Ahora viene Navidad, mataremos el gallo y a la tía Pepa le daremos un pedazo). Mi abuelo así lo hacía cada 25 de diciembre con un gallo de su corral. En la actualidad, sin embargo, consumimos animales engordados con piensos transgénicos con miles de kilómetros a sus espaldas, a los que inyectan altas dosis de fármacos preventinamente, y los crían en granjas de producción intensiva, esparcidas por todo el mundo, donde los tratan como «cosas» y vulneran sus derechos. Y no hablemos del *foie gras*, servido en los entrantes de Navidad, ni de cómo se elabora.

Incorporar alimentos foráneos a la dieta no tiene nada de malo, al contrario. El problema reside cuando esto se debe más a los intereses económicos de un puñado de multinacionales que a nuestro afán por la diversidad culinaria. Los alimentos kilométricos son comida cargada de injusticia con las personas, los animales y el medio ambiente. La alternativa radica en el consumo local, ecológico, sin explotación animal y campesino. Apostemos por un consumo crítico tanto en Navidad como los restantes 364 días del año.

San Valentín: rosas y espinas

El amor se ha convertido en objeto de *marketing*. San Valentín es el mejor ejemplo, el día de los enamorados. Todo vale para hacer negocio y poner precio a lo que sentimos. Una rosa roja es la sublime expresión de ese amor, convertido en mercancía. Millones de rosas son comercializadas el día de San Valentín. Pero, ¿de dónde llegan? ¿Cómo han sido cultivadas? ¿Por quién? La mayor parte vienen de Kenia, Etiopía, Colombia y Ecuador, los mayores exportadores hacia la Unión Europea. Su origen poco tiene que ver con la imagen idílica que buscan representar. La precariedad laboral, la mala salud de sus trabajadores y el impacto en el medio ambiente es lo que esconden.

Trabajar de sol a sol

Las mujeres son la principal fuerza de trabajo en estas «maquilas» del Sur global. Mujeres que no reciben rosas sino que las producen de sol a sol por salarios de miseria y en condiciones laborales muy precarias. En las plantaciones de África del este y de Colombia se calcula que pueden llegar a trabajar hasta 15 horas al día para cubrir las exigentes demandas de los clientes. En Colombia, representan el 65% de la mano de obra, la mayoría inmigrantes rurales, y en Kenia el 75%. Sus salarios son de miseria. En Kenia, la retribución es de unos 33 euros al mes, y no da para cubrir necesidades tan básicas como la alimentación, la vivienda y el transporte. A menudo, son obligadas a trabajar horas extras sin remuneración, de negarse pierden el empleo (Morser y McRae, 2007). La temporalidad es la moneda de cambio.

La presencia de sindicatos independientes es casi inexistente. Las condiciones laborales precarias dificultan la organización sindical y aquellos que lo intentan acaban siendo amenazados y acosados por la empresa. En Colombia, se calcula que menos de un 5% de los trabajadores forma parte de un sindicato; en Kenia, la cifra oscila en torno al 16-17%; y en Etiopía es igual a 0 (Morser y McRae, 2007). Las empresas de flores además tienen un largo currículum de persecución sindical y creación de sindicatos patronales.

La salud de la plantilla, y en especial la de las mujeres, se ve fuertemente perjudicada por el uso sistemático de agrotóxicos. Alergias, irritaciones de la piel, dolores de cabeza, problemas respiratorios y desmayos son algunas de las consecuencias. A pesar de que la Organización Mundial de la Salud advierte de un necesario intervalo de 24 horas entre la aplicación de pesticidas y la entrada en el invernadero, estas precauciones no se cumplen. Se calcula que sus trabajadores están expuestos a un total de 127 pesticidas distintos, el 20% de los cuales están prohibidos en Estados Unidos por considerarlos cancerígenos (Morser y McRae, 2007). Asimismo, según el Instituto Nacional de Salud de Colombia, las mujeres que trabajan en estos cultivos sufren la mayor parte de los abortos, partos prematuros y malformaciones congénitas que se dan en el país.

Agua para la gente o para las flores

Capítulo aparte merece el impacto medioambiental. El cultivo de flores necesita de grandes cantidades de agua, lo que genera una fuerte competencia entre el «consumo» de agua para las flores y para las personas u otras tierras de cultivo. De este modo, regiones como la Sabana de Bogotá en Colombia, donde se concentra la industria de la floricultura, sufren graves problemas de abastecimiento de agua, y esta tiene que importarse de otras regiones. Lo mismo sucede en distintos países exportadores de flores. Además, la no alternancia de cultivos impide la regeneración del suelo y lo agota y el uso indiscriminado de pesticidas contamina la tierra y el agua. Sin contar el impacto de unas flores que viajan miles de kilómetros hasta llegar a nuestros hogares.

La competencia con la agricultura es otra de las consecuencias de esta producción. En Colombia, en las regiones donde hoy se cultivan claveles, rosas, crisantemos y dalias, antes se plantaba trigo, cebada, maíz, patata y hortalizas (No te comas el mundo y Censat Agua Viva, 2005a). En la actualidad, el monocultivo de la flor ocupa extensas latitudes a costa de la seguridad alimentaria de las personas, el aumento del precio de los productos básicos y la expulsión de campesinos de sus tierras.

Unas rosas que perpetúan aquí un arquetipo de amor romántico basado en la supeditación de la mujer al hombre. Las flores de San Valentín, más allá del marketing, expresan la subordinación de un sexo al otro e imponen un amor normativizado y heteropatriarcal. No solo el dolor de quienes son explotados kilómetros allá esconden dichas rosas sino el de quienes ciegamente, como Cupido, creen en un ideal imposible, generador de dolor, amargura y dependencia.

Las rosas de San Valentín nos prometen amor, pero ocultan afiladas espinas.

III. ¿ADIÓS AL CAMPESINADO?

Una agricultura sin campesinos

Año tras año la población campesina en el mundo ha ido disminuyendo. El éxodo rural se ha convertido en una realidad palpable en el transcurso del siglo XX. Lo que ha desembocado en un cambio radical del paisaje y la agricultura campesina y tradicional. En el año 2008, y por primera vez en la historia de la humanidad, la mayor parte de la población mundial vivía ya en ciudades. Una tendencia que se agudizará en los próximos años. Se estima que en 2030, casi 5.000 millones de personas vivirán en zonas urbanas, un 80% en países en desarrollo. Según el Fondo de Población de las Naciones Unidas (UNFPA) (2007), este crecimiento será particularmente notable en África y Asia, donde su población urbana se multiplicará por dos entre los años 2000 y 2030, con el consiguiente impacto en el sistema agroalimentario.

En América del Norte y Europa, esta dinámica se dio con anterioridad. A lo largo de dos siglos, entre 1750 y 1950, la población urbana pasó, en dichas regiones, del 10% al 52%. Desde 1950, la migración campo-ciudad se ha intensificado (UNFPA, 2007). Una tendencia muy vinculada al modelo agrícola que se ha impuesto a lo largo de las últimas décadas, y que ha significado un creciente abandono del mundo rural. En Europa, más de mil explotaciones agrarias desaparecen cada día, según datos del Eurostat (Coordinadora Europa de La Vía Campesina, 2011). En concreto, entre 2003 y 2010, en solo ocho años, se han cerrado tres millones de explotaciones. Una reducción del 20% de las fincas. En algunos países de Europa central o báltica, la caída ha sido aún más fuerte. En Estonia, por ejemplo, han desaparecido hasta el 47% de las explotaciones. En la actualidad, en Europa, la cifra de agricultores suma 12 millones (Comisión Europea, 2013). Si tenemos en cuenta que, según el discurso dominante, el desarrollo de un país es inversamente proporcional a la evolución del trabajo en el campo, no podríamos estar mejor. La realidad, en cambio, es muy distinta.

Se trata, además, de un mundo rural empobrecido, como indica la misma Comisión Europea, con un riesgo de pobreza y exclusión social más alto que en las zonas urbanas. Precisamente, una tercera parte de las personas pobres de la Unión se concentran en el ámbito rural. Una pobreza que afecta en particular a las mujeres. El envejecimiento de la población, la falta de oportunidades para los jóvenes, la dificultad para acceder a los servicios públicos, la emigración, los bajos ingresos en la agricultura, las malas infraestructuras son síntomas claros (Employment, Social Affairs and Equal Opportunities. European Comission, 2008).

Menos explotaciones y más grandes

El Estado español no es una excepción. La agricultura ha pasado de ser una de las principales actividades económicas a una práctica casi residual. En 1900, el 70% de la población activa trabajaba en el sector agrícola; en 1950, esta había disminuido hasta el 50% del total; en 1980, ya únicamente representaba el 19%; y en 2016, sumaba un menguante 4,01% (Rubio, 2013; INE, 2016). Las explotaciones agrarias, del mismo modo, desaparecen a gran velocidad. En el período de 1999 a 2009, solamente en diez años, estas disminuyeron un 23%, según el Censo Agrario del Instituto Nacional de Estadística (INE, 2011a). Pronto tendremos que colgar en nuestros campos el cartel de «Cerrado por defunción».

La concentración empresarial es otra realidad, con menos explotaciones y más grandes. Entre 1999 y 2009, a pesar del cierre de fincas, las que se mantuvieron aumentaron su extensión, en todas las comunidades autónomas. Los mayores incrementos se dieron en Galicia, La Rioja y Cantabria. En la ganadería se repitió la dinámica: el número de explotaciones de cada especie de ganado disminuyó, pero aumentó el número medio de cabezas. Castilla y León se situó al frente de la producción de bovino y ovino y Catalunya fue la primera en la producción avícola y porcina, ambas comunidades con el mayor número de ejemplares de cada una de dichas especies (INE, 2011a). Por cierto, en Catalunya existen prácticamente tantas cabezas de cerdo como personas.

La renta agraria, en términos generales, también ha retrocedido, a pesar de la tendencia alcista registrada desde 2003 con la reforma de la PAC. Así es cómo entre los años 2003 y 2016 la renta agraria cayó un 21% (Europa Press, 2016). Por su parte, los costes de producción se han ido incrementando, y en 2012 ya significaban un 93% de la renta agraria en su conjunto. La escalada de precios de la energía, los fertilizantes y los piensos han contribuido de forma decisiva al aumento (COAG, 2013a). Los ingresos en el campo caen, los gastos no paran de subir.

Precios en origen y destino

Quien produce lo que comemos es quien menos dinero recibe. El precio que se paga por un alimento en origen al campesino y el que nosotros abonamos en la tienda o el supermercado se multiplica de media por 3,53. Aquellos productos con un mayor incremento son la manzana, el limón y la mandarina, con un diferencial porcentual entre el precio en origen y destino de un 667%, un 658% y un 513%% respectivamente, según el Índice de Precios en Origen y Destino de los alimentos de enero del 2017 (UCE, COAG y CEACCU, 2017).

A pesar de la fluctuaciones de dicho Índice, la tendencia general es el continuo empobrecimiento del campesinado. De aquí que la COAG, la Unión de Consumidores de España (UCE) y la Confederación Española de Organizaciones de Amas de Casa, Consumidores y Usuarios (CEACCU) impulsaran en su momento una proposición no de ley sobre los márgenes comerciales de los productos agroalimentarios, que fue aprobada por el Congreso de los Diputados en 2008. La proposición instaba a una mayor transparencia en el proceso de configuración de los precios a lo largo de la cadena alimentaria, pedía la creación de un Observatorio de Precios para controlar y sancionar las malas prácticas en la fijación de los importes, exigía actuar para eliminar la especulación en los mercados agroalimentarios e implantar un sistema de doble etiquetado (precios origen/precios destino) que permitiera conocer el valor real de los alimentos y detectar distorsiones interesadas en los precios, entre otras medidas (UCE, COAG y CEACCU, 2008). Aunque del dicho al hecho...

La venta a pérdidas por parte de los supermercados, vender por debajo del precio al que se paga al productor, es un práctica habitual, aunque está prohibida por la administración mediante la Ley de Ordenación del Comercio Minorista y la Ley de la Competencia Desleal. La gran distribución, sin embargo, utiliza esta medida con el objetivo de fidelizar a sus clientes, vendiendo algunos productos, los llamados «producto reclamo», a un precio muy bajo. A pesar de ingresar menos dinero con su venta, lo compensa con el incremento de la comercialización de otras mercancías.

El aceite de oliva ha sido en los últimos años uno de los productos agrarios más golpeados por esta práctica. Ahora parece le llega el turno al arroz. Pero no es oro todo lo que reluce. El consumidor piensa que ahorra con estos métodos, aunque una vez en el «súper» lo que deja de pagar en un producto lo acaba pagando en otro. La gran distribución siempre gana. Mientras, estas prácticas tienen un efecto devastador en el campo, ya que presionan a la baja el precio que se paga en origen por dichos alimentos conducen a la ruina al agricultor. Sin entrar a analizar, el fraude que a menudo se da con estas prácticas, cuando nos venden por ejemplo aceite de oliva virgen extra a un precio extremadamente barato, es que al analizar el producto resulta que no es el aceite de primera calidad que nos decían.

Muchos campesinos, ante estas operaciones, tienen que acabar cerrando sus fincas, no pueden sobrevivir en un sistema pensado por y para la agroindustria y la gran distribución, pero nuestras necesidades alimentarias continúan allí. Entonces, si estos desaparecen, ¿quién nos da de comer? ¿Quiénes producirán y distribuirán la comida? Creo que la respuesta es clara: unas pocas empresas que controlan cada uno de los tramos de la cadena alimentaria. Se trata de multinacionales como Dupont, Syngenta, Monsanto, Kraft, Nestlé, Procter&Gamble, Danone, Carrefour, Alcampo, El Corte Inglés, Mercadona, por solo citar a algunas.

La falta de voluntad política por parte de gobiernos e instituciones internacionales por respaldar una agricultura local, familiar y campesina es la principal causa de esta deriva. La Política Agrícola Común (PAC), promovida la Unión Europea, y la regulación de la Organización Mundial del Comercio son un buen ejemplo de este proceso de globalización agroalimentaria al servicio de un puñado de multinacionales, que buscan hacer negocio, y mucho, con los alimentos.

¿A quién beneficia la Política Agrícola Común?

La Unión Europea parece estar empeñada en acabar con el pequeño campesinado. Así se desprende de la reforma de la Política Agrícola Común aprobada en diciembre de 2013. Unas medidas que benefician una vez más a los grandes terratenientes y a la agroindustria, en detrimento de aquellos que trabajan y cuidan la tierra.

Un dato: a pesar de que en el Estado español solo 350.000 personas están dadas de alta como trabajadores en el campo, 910.000 reciben ayudas (COAG, 2013b). ¿Quiénes son esos 560.000 perceptores de subvenciones que no son campesinos pero sí reciben dicho dinero? Se trata de empresas del agronegocio, grandes viticultoras, supermercados y terratenientes. Sus nombres y apellidos: Pastas Gallo, Nutrexpa, Bodegas Osborne, Nestlé, Campofrío, Mercadona, El Pozo, García Carrión (Don Simón), la Casa de Alba, etc. (Veterinarios Sin Fronteras, 2012).

Una élite hipersubvencionada

Del total de beneficiarios de la PAC, únicamente el 16% recibe el 75% de las ayudas, mientras que el 84% restante, la inmensa mayoría, tiene que repartirse un raquítico 25%, lo que puede significar 500, 1.000 o 1.000 y pocos euros por adjudicatario al año. Existe, por lo tanto, una élite hipersubvencionada por parte de la PAC, que conocimos cuando en 2010 se hizo público, por vez primera y con la oposición de gobiernos y Comisión Europea, el listado de todos los favorecidos por sus fondos (Veterinarios Sin Fronteras, 2012). Unas políticas que han conducido a que el 17% de los propietarios de las mayores explotaciones en el Estado español tengan unos ingresos muy por encima de la renta media general, mientras que el 60% de las explotaciones más pequeñas estén por debajo (Intermón Oxfam, 2005).

En el resto de Europa la dinámica es muy parecida. Según la Comisión Europea, en el año 2002, el 5% de los mayores productores europeos concentraron la mitad de las ayudas. En Gran Bretaña, las familias al frente de las principales fortunas del país reciben anualmente cuantiosas subvenciones por parte de la PAC: el duque de Westminster ingresa unos 470.000 euros; sir Adrian Swire, 300.000 por su granja en Oxfordshire; el duque de Malborough, 535.000 por su explotación de cereales, entre otros. La misma lógica se repite en países como Francia o Alemania. Según datos del gobierno francés, un cuarto del total de los agricultores no recibe ninguna ayuda, mientras que el 15% de las mayores explotaciones concentran 6 de cada 10 euros en subsidios (Intermón Oxfam, 2005).

Como señala el informe *Goliat contra David. Quién gana y quién pierde con la PAC en España y en los países pobres* de Intermón Oxfam (2005): «Las millonarias ayudas de la PAC sostienen un modelo de producción intensiva que premia al que más tiene y provoca importantes distorsiones en mercados internacionales, a menudo a costa de los países en desarrollo» y añade que «tras la maraña legal y técnica que acompaña el funcionamiento del sistema se esconde un principio muy simple: cuanto más produces y más tierras posees —es decir, cuanto más rico eres—, más apoyo público recibes».

En Estados Unidos se repite y agudiza el mismo patrón con la Farm Bill, el equivalente a la PAC europea: el 10% de las explotaciones recibió, entre los años 1995 y 2003, una media anual de 34.424 dólares por cabeza, mientras que el 80% de los más pequeños obtuvo 768 dólares por perceptor (Intermón Oxfam, 2005). La pobreza rural en Estados Unidos es una problemática muy grave como consecuencia de la alta concentración agroindustrial.

La sobreproducción, tónica dominante

La PAC, según la Coordinadora Europea de La Vía Campesina (2008), es resultado de una mala PAC desde antes de 1992 y de unas malas reformas en 1992, 1999 y 2003, siguiendo los dictados de la Organización Mundial del Comercio. La PAC generó desde sus orígenes, a partir de la aplicación de medidas como la industrialización de la agricultura y la ganadería y el estímulo de los precios garantizados, un aumento muy importante de la producción. Hasta tal punto que la sobreproducción, una vez alcanzada la autosuficiencia, se convirtió en la tónica dominante en determinados productos agropecuarios como los cereales, la leche y la carne de vacuno (Riechmann, 2003). Y, ¿qué hacer con tanto alimento que aquí ya no se demandaba? Su destino, los países del Sur, donde estos productos subvencionados se vendían a un precio muy inferior a los autóctonos, mediante prácticas de competencia desleal, y con un grave perjuicio para los campesinos locales. Asimismo, la existencia de excedentes hacía más dependientes a los agricultores de los precios subvencionados empujando a una mayor producción para compensar los precios bajos. Una lógica productivista que tuvo un impacto social y ecológico muy negativo (Soler, 2007).

Eso sí. Con la nueva reforma de la PAC, ni aeropuertos ni ferrocarriles ni campos de golf, parece, recibirán más ayudas agrarias. Imagino que el robo o el desvío de fondos resultaba demasiado escandaloso. Aunque la declaración de actividad solo excluye dichas iniciativas, y mantienen a muchas otras que de campesinas no tienen absolutamente nada. La nueva PAC, de hecho, no aprueba ninguna definición de «agricultor activo» o «agricultor profesional», dejando la puerta abierta a que «cualquiera» reciba las subvenciones del sector (COAG, 2003b). De este modo, personajes como Micaela Domecq, terrateniente andaluza, propietaria de Bodegas Domecq y esposa del que fue ministro de agricultura en varias legislaturas del Partido Popular, Arias Cañete, seguirán recibiendo cuantiosos subsidios.

Como afirma el sindicato agrario COAG (2003b), en su valoración y análisis de la reforma de la PAC: «Se corre el riesgo de desmantelamiento de un sector, el agrario, estratégico para nuestra economía». Algo que no es nuevo, pero que con las actuales medidas no hace sino intensificarse. La desaparición y el empobrecimiento del campesinado son una prueba irrefutable de esta tendencia.

La Vía Campesina, un movimiento global

La Vía Campesina, el mayor movimiento internacional de pequeños agricultores, jornaleros y sin tierra, reivindica día a día cómo tierra, agua y semillas son imprescindibles para cultivar y comer. O alimentos para la mayoría o dinero para la minoría, esta es la cuestión. Seguidamente, repasamos su historia.

Campesinos del mundo, uníos

La globalización alimentaria privatiza los bienes comunes, acaba con aquellos que cuidan y trabajan la tierra y convierte la comida en un negocio. La liberalización de la agricultura, no es más que una guerra contra el campesinado. Se trata de políticas que, amparadas por instituciones y tratados internacionales, acaban con pequeños y medianos agricultores y comunidades rurales.

Ante esta ofensiva, emergió en 1993 La Vía Campesina, como la máxima expresión de aquellos que en el campo resisten y combaten la globalización neoliberal y los dictados de organizaciones internacionales como el Banco Mundial, el Fondo Monetario Internacional y la Organización Mundial del Comercio (OMC). Los antecedentes de La Vía se remontan a mediados de los años ochenta, cuando, en motivo de la Ronda de Uruguay del GATT, varias organizaciones campesinas realizaron importantes esfuerzos para internacionalizar el movimiento (Desmarais, 2008).

A principios de los noventa, se constituyó formalmente La Vía, en parte, como una alternativa más radical a la hasta entonces única organización internacional campesina, la Federación Internacional de Productores Agrícolas (IFAP), creada en 1946. Una organización que representaba sobre todo los intereses de los mayores agricultores, situados en general en los países del Norte, y favorable al diálogo con las instituciones internacionales.

La Vía Campesina nació, así, en los albores del movimiento antiglobalización, coordinando esfuerzos junto a otras muchas organizaciones, desde feministas a grupos contra la deuda externa, pasando por aquellos que exigían la tasación de las transacciones financieras internacionales a indígenas, colectivos de solidaridad internacional..., unidos en el combate contra una globalización al servicio de los intereses del capital. La Vía resultó ser el «componente campesino» de ese nuevo internacionalismo de las resistencias representado por el movimiento antiglobalización (Antentas y Vivas, 2009a).

Desde finales de los años noventa y principios de la década del 2000, La Vía Campesina impulsó y participó activamente en las masivas protestas contra la OMC y otras instituciones internacionales. En las marchas contra la cumbre de la OMC en Cancún (2003) y Hong Kong (2005), los agricultores fueron uno de los actores más relevantes y visibles. Un recuerdo especial merece el campesino coreano Lee Kyung Hae, presidente de la Federación de Campesinos y Pescadores de Corea del Sur, que se quitó la vida en la protesta contra la OMC en Cancún subido a la valla que rodeaba el perímetro de seguridad, para denunciar cómo el agronegocio acaba con la vida de tantos «trabajadores de la tierra».

Tras la política de alianzas de La Vía estaba el convencimiento de que su lucha contra la agroindustria formaba parte intrínseca de un combate más amplio contra la globalización neoliberal y que otro modelo de agricultura y alimentación solo sería posible en el marco de un cambio global de sistema. Para conseguirlo, la creación de coaliciones amplias entre sectores sociales distintos se percibía como fundamental (Antentas y Vivas, 2009b). Golpear juntos, desde una unidad tejida en base a la diversidad.

La Vía Campesina, de este modo, fue capaz de construir una «identidad campesina» global, politizada, ligada a la tierra y a la producción de alimentos. Sus miembros representan los sectores más golpeados por la globalización alimentaria, pequeños y medianos campesinos, jornaleros, sin tierra, mujeres del campo, comunidades agrícolas indígenas, rompiendo la división Norte-Sur e integrando en su seno a organizaciones de todo el planeta, 150 grupos de 56 países (Borras, 2004). Se trata, como señalaba el economista Walden Bello (2009), de un nuevo «internacionalismo campesino».

Una nueva mirada

La emergencia de La Vía Campesina aportó también una nueva mirada a las políticas agrícolas y alimentarias. En 1996, en el marco de la Cumbre Mundial sobre la Alimentación de la FAO, en Roma, La Vía lanzó un nuevo concepto político, el de la soberanía alimentaria. Si hasta entonces, el hambre solo se abordaba desde la perspectiva de la seguridad alimentaria, que todo el mundo tuviese acceso y derecho a la alimentación, pero sin cuestionar qué se come, cómo se produce y de dónde viene, el concepto acuñado por La Vía «revolucionó» el debate (Vivas, 2010).

Ya no se trataba únicamente de poder comer, sino de ser «soberanos», y poder decidir. La soberanía alimentaria va un paso más allá de la seguridad alimentaria y no únicamente reivindica que todo el mundo tenga acceso a los alimentos sino también a los medios de producción, a los bienes comunes (agua, tierra, semillas). Se trata de una apuesta por la agricultura local y de proximidad, campesina, ecológica, de temporada, en oposición a una agricultura en manos del agronegocio, que empobrece al campesinado, con alimentos que recorren miles de kilómetros, que acaba con la diversidad alimentaria y que además nos enferma.

No se trata de una idea romántica, de un retorno a un pasado arcaico, sino de recuperar el conocimiento tradicional campesino y combinarlo con nuevas tecnologías y saberes, de devolver la dignidad a quienes conrean la tierra, que esta sea para quien la trabaja, de establecer puentes de solidaridad entre el mundo rural y el urbano y sobre todo de democratizar la producción, la distribución y el consumo de alimentos. No es un concepto que deba interpretarse en un sentido autárquico sino solidario e internacionalista, que apuesta por una agricultura local y campesina aquí y en cada rincón del planeta.

Las mujeres cuentan

Una soberanía alimentaria que tiene que ser feminista, si quiere significar un cambio real de modelo. Hoy las mujeres, a pesar de ser las principales proveedoras de alimentos en los países del Sur, entre un 60% y un 80% de la producción de comida recae en sus hombros (FAO, 1996a), son las que más pasan hambre, padeciendo el 60% del hambre crónica global (ONU Mujeress, 2011). La mujer trabaja la tierra, cultiva los alimentos, pero no tiene acceso a su propiedad, a la maquinaria, al crédito agrícola. Si la soberanía alimentaria no permite igualdad de derechos entre hombres y mujeres, no será una alternativa de verdad.

La Vía Campesina, con el tiempo, ha ido incorporando una perspectiva feminista, trabajando para conseguir la igualdad de género en el seno de sus organizaciones y estableciendo alianzas con grupos feministas como la red internacional de la Marcha Mundial de Mujeres. En La Vía, las mujeres se han organizado autónomamente para reivindicar sus derechos, ya sea dentro de sus colectivos o a nivel general.

La Comisión de Mujeres de La Vía ha llevado a cabo un trabajo fundamental promoviendo el intercambio entre mujeres campesinas de diferentes países, organizando encuentros específicos de mujeres coincidiendo con cumbres y reuniones internacionales e impulsando la participación de estas en todos los niveles y actividades de la organización. En 2006, se celebró el Congreso Mundial de las Mujeres de La Vía Campesina, en Santiago de Compostela, que puso de relieve la necesidad de fortalecer aún más la articulación de las mujeres y aprobó la creación de mecanismos para un mayor intercambio de experiencias y planes de lucha específicos. Entre las propuestas aprobadas estaba, entre otras, lanzar una campaña mundial contra la violencia machista y trabajar para que se reconozcan los derechos de las mujeres campesinas exigiendo igualdad real en el acceso a la tierra, al crédito, a los mercados y en los derechos administrativos.

A pesar de la paridad formal en La Vía, las mujeres tienen mayores dificultades para viajar o asistir a encuentros y reuniones. Como señalaba Annette Aurélie Desmarais (2008) en su libro *La Vía Campesina*: «Hay muchas razones por las que las mujeres no participan a este nivel. Quizá la más importante es la persistencia de ideologías y prácticas culturales que perpetúan relaciones de género desiguales e injustas. Por ejemplo, la división de las labores por género significa que las mujeres rurales tienen mucho menos acceso al recurso más preciado, el tiempo, para participar como líderes en las organizaciones agrícolas. Dado que las mujeres son las principales responsables del cuidado de los niños y los ancianos [...]. La triple jornada de las mujeres —que implica trabajo reproductivo, productivo y comunitario— hace mucho menos probable que tengan tiempo para sesiones de formación y aprendizaje para su capacitación como líderes». Más allá de las dificultades objetivas, avanzar hacia la igualdad es una prioridad para La Vía, y eso es gracias a sus mujeres.

La Vía Campesina lleva más de veinte años articulando resistencias en el campo y tejiendo redes y alianzas a nivel internacional. Alimentarnos es imprescindible para todos, ya sea en el campo o en la ciudad, en el Norte o en el Sur del planeta. Comer hoy, como recuerda La Vía, se ha convertido en un acto político.

La tierra para quien la trabaja

La tierra es fuente de negocio para unos pocos, ya sea aquí o en la otra punta del planeta. En el Estado español, el *boom* inmobiliario ha dejado un legado de urbanizaciones en ruina, aeropuertos sin prácticamente aviones, pueblos fantasma, grandes infraestructuras en desuso. Una realidad que la fotógrafa Julia Schulz-Dornburg (2012) ha retratado crudamente en su libro *Ruinas modernas, una topografía de lucro*. En los países del Sur, el afán de beneficio con la tierra expulsa a campesinos y pueblos indígenas e impone monocultivos para la exportación, grandes infraestructuras al servicio del capital o el expolio de sus recursos naturales.

Gobiernos corruptos

La oligarquía del poder saca tajada y entre bambalinas negocia componendas urbanísticas, firma recalificaciones y transforma el suelo rústico en urbanizable. Los casos de corrupción se multiplican. La «cultura del sobre» está al orden del día. Se desarrolla un nuevo caciquismo que hace grandes negocios a espaldas, y a costa, de la ciudadanía y el territorio. En otras latitudes, la historia se repite. Los gobiernos corruptos son el mejor aliado para los inversores que quieren adquirir tierras de manera rápida y barata. Según un informe de Oxfam Internacional (2012), cada seis días se vende a inversores extranjeros una superficie equivalente al tamaño de la ciudad de Londres. Es la fiebre de la tierra.

La privatización y el acaparamiento de tierras están al orden del día. ¿Qué hay más beneficioso que aquello que necesitamos para vivir y comer? La crisis alimentaria y financiera, que estalló en 2008, dio lugar a un nuevo ciclo de apropiación de tierras a escala global. Gobiernos de países dependientes de la importación de alimentos, con el objetivo de asegurar la producción de comida para su población más allá de sus fronteras, y agroindustria e inversionistas (fondos de pensiones, bancos), ávidos de nuevas y rentables inversiones, vienen adquiriendo desde entonces fértiles tierras en países del Sur (GRAIN, 2009a). Una dinámica que amenaza la agricultura campesina y la seguridad alimentaria de estos países.

Pueblos indígenas, en pie

Los pueblos indígenas, expulsados de sus territorios, son la punta de lanza del combate contra la privatización de la tierra. Una lucha que no es nueva y de la cual Chico Mendes, recolector de caucho, seringueiro, conocido por su contienda en defensa de la Amazonía y asesinado en 1988 por latifundistas brasileños, fue uno de sus principales exponentes. Chico Mendes impulsó la Alianza de los Pueblos de la Selva, en Brasil, integrada por indígenas, seringueiros, ecologistas, campesinos..., contra las multinacionales madereras y revindicó una reforma agraria con propiedad comunitaria de la tierra y su uso en usufructo por parte de las familias campesinas. Como solía decir: «No hay defensa de la selva sin la defensa de los pueblos de la selva» (Porto-Gonçalves, 2009).

Sin ir tan lejos, en el Estado español, el Sindicato de Obreros del Campo (SOC), que forma parte del Sindicato Andaluz de Trabajadores (SAT), ha sido uno de los principales referentes en la lucha por la tierra y en la defensa de los derechos de los jornaleros del campo. Desde marzo de 2012, vienen ocupando y trabajando la finca de Somonte, en Palma del Río (Córdoba), una tierra que la Junta de Andalucía se disponía a vender, a pesar de que en este municipio 1.700 personas se encuentran en paro. El objetivo de los ocupantes es que esta finca sea trabajada por cooperativas de jornaleros parados, en vez de pasar a manos de banqueros y terratenientes. Somonte es un símbolo de la lucha del SOC y el SAT, como lo es también Marinaleda y tantos otros proyectos que impulsan.

A principios de 1900, Emiliano Zapata, campesino y referente de la revolución mexicana, exigía: «La tierra para quien la trabaja». Han pasado más de cien años y dicha consigna continúa teniendo plena actualidad.

IV. AGRICULTURA Y ALIMENTACIÓN, NOMBRE DE MUJER

Las invisibles del campo

La agricultura y la alimentación han sido ámbitos donde las mujeres tradicionalmente han tenido un papel clave. Aún en la actualidad, entre el 60% y el 80% de la producción de alimentos en los países del Sur recae en sus espaldas, el 50% a nivel mundial (FAO, 1996a).[1] Ellas son las principales proveedoras de comida, las encargadas de trabajar la tierra, mantener las semillas, procesar los alimentos, recolectar los frutos, conseguir agua, cuidar los rebaños, vender en el mercado.

En mucho países de África, según datos de la FAO (1996a), las mujeres representan el 70% de la mano de obra agrícola; se encargan en un 90% del suministro de agua y leña para los hogares; son las responsables, entre un 60 y un 80%, de la producción de los alimentos para el consumo familiar y la venta; y realizan el 60% de las actividades para la cosecha y la comercialización en el mercado, el 100% del procesamiento de los alimentos y el 80% de las acciones para su almacenamiento y transporte de la granja a la aldea. Unas cifras que ponen de relieve el papel crucial que las mujeres africanas tienen en la producción agrícola a pequeña escala y en el mantenimiento y la subsistencia familiar.

---

1. Aunque la misma FAO reconoce que resulta difícil responder de manera empírica rigurosa a dichos porcentajes, debido a las ambigüedades conceptuales (qué entendemos por «alimento» y «producción») y al carácter limitado de los datos.

Pero, a pesar de su rol crucial en la agricultura y la alimentación, las mujeres son las invisibles de este modelo agroalimentario y las más afectadas por el hambre. En concreto, se calcula que las mujeres y las niñas sufren el 60% del hambre crónica mundial (ONU Mujeres, 2011). Esto sucede porque en muchos casos no tienen acceso a la propiedad de la tierra, a la maquinaria, al crédito agrícola, a la formación, a la toma de decisiones. Vemos como el modelo agroalimentario no solo viene determinado por la lógica de un sistema capitalista que antepone intereses particulares a necesidades colectivas sino por la lógica de un sistema patriarcal que invisbiliza, no valora y supedita el trabajo de las mujeres.

Sin acceso a la tierra

El acceso a la tierra no es un derecho garantizado para muchas mujeres. En varios países del Sur, las leyes les prohíben ostentar su titularidad y en otros donde legalmente tienen acceso a veces las tradiciones y las prácticas les impiden disponer de ellas. Además, las mujeres, como indica la FAO (2010b), «no solo tienen menor acceso a la tierra que los hombres, sino que muchas veces solo tienen los llamados derechos secundarios a la tierra; es decir, que son titulares de esos derechos a través de los hombres de su familia. Por ello, las mujeres pueden perder sus derechos a la tierra en caso de divorcio, viudedad o migración de sus maridos». Hay que tener en cuenta que la tierra es el activo familiar más importante para los hogares que dependen de la agricultura, permite la producción de comida, sirve como inversión para el futuro y como aval, implica acceso al crédito, a la vez que su propiedad es sinónimo de riqueza y estatus social.

A escala internacional se estima, a partir de la comparación de distintos censos agrícolas, que menos de un 20% de la propiedad de la tierra está en manos de mujeres. Una cifra que disminuye hasta menos del 10% en el norte de África, África occidental y central y Oriente Próximo. Estos datos son un poco mejores en Asia y en África oriental y meridional, así como en algunas áreas de América Latina, donde en determinados países las mujeres pueden alcanzar hasta el 30% de los títulos sobre la tierra, pero muy por detrás de los hombres. Por otro lado, se observa como en general las parcelas de propiedad femenina son de menor tamaño y peor calidad (FAO, 2010b).

Asimismo, las mujeres enfrentan más dificultades para conseguir créditos, servicios e insumos. A nivel mundial, y según diversas fuentes (Fraser, 2010; FAO, 1996a), se calcula que las mujeres reciben solo entre el 1% y el 10% del total de los préstamos agrícolas, y aunque los obtengan no queda claro si el control sobre los mismos es ejercido al final por ellas o por sus compañeros o familiares.

Una clara división de género

Las mujeres campesinas se han responsabilizado durante siglos de las tareas domésticas, el cuidado de las personas, la alimentación de sus familias, la cría del ganado, y el cultivo para el autoconsumo, la comercialización de algunos excedentes de sus huertas, cargando con el trabajo reproductivo, productivo y comunitario, y ocupando una esfera privada e invisible. Además, según la FAO (2013b), estas son más propensas a invertir sus ingresos en alimentos y necesidades infantiles, a diferencia de sus maridos. En consecuencia, las posibilidades de subsistencia de un niño o una niña, en especial en los países del Sur, aumentan en un 20% cuando es la madre quien controla el presupuesto familiar.

En cambio, las principales transacciones económicas agrícolas han estado, tradicionalmente, llevadas a cabo por los hombres, en las ferias, con la compra y venta de animales, la comercialización de grandes cantidades de cereales... ocupando la esfera pública campesina. Esta división de roles asigna a las mujeres el cuidado de la casa, la salud, la educación y la alimentación de sus familias y otorga a los hombres el manejo de la tierra y la maquinaria, en definitiva de la «técnica», y mantiene intactos los papeles asignados como masculinos y femeninos y que durante años y aún hoy perduran en nuestras sociedades.

Sin embargo, en muchas regiones del Sur global, en América Latina, África subsahariana y sur de Asia, existe una notable «feminización» del trabajo agrícola asalariado. Entre 1994 y 2000, las mujeres ocuparon un 83% de los nuevos empleos en el sector de la exportación agrícola no tradicional (Fraser, 2009). Si bien esta dinámica vino acompañada también de una marcada división de género: en las plantaciones las mujeres realizan las tareas no cualificadas, como la recogida y el empaquetado, mientras que los hombres llevan a cabo la cosecha y la plantación.

Esta incorporación de la mujer al ámbito laboral remunerado implica una doble carga de trabajo para las mujeres, quienes siguen llevando a cabo el cuidado de sus familiares a la vez que trabajan para obtener ingresos, en general en empleos precarios. Estas cuentan con unas condiciones laborales peores que sus compañeros y reciben una remuneración económica inferior por las mismas tareas, teniendo que trabajar más para percibir los mismos ingresos.

Migración en femenino

El hundimiento del campo en los países del Sur y la intensificación de la migración hacia las ciudades provocó a lo largo de la segunda mitad del siglo XX un claro proceso de «descampesinización» (Bello, 2009), que en muchos países no tomó la forma de un movimiento clásico campo-ciudad, donde los excampesinos iban a las ciudades a trabajar en las fábricas en el marco de un proceso de industrialización. En su lugar, se dio, lo que el sociólogo Mike Davis (2006) ha llamado, un proceso de «urbanización desconectada de la industrialización», donde los excampesinos, empujados a las ciudades, pasaron a engrosar la periferia de las grandes urbes (favelas, *slumps*...), viviendo muchos de la economía informal y configurando, lo que el autor llama, el «proletariado informal».

Las mujeres han sido un componente esencial de estos flujos migratorios, nacionales e internacionales, que han provocado la desarticulación y el abandono de las familias, de la tierra y de los procesos de producción, a la vez que han aumentado la carga familiar y comunitaria de aquellas mujeres que se han quedado. En Europa, Estados Unidos, Canadá... las mujeres migrantes acaban asumiendo trabajos que años atrás realizaban las mujeres autóctonas, reproduciendo así una espiral de opresión, carga e invisibilización de los cuidados y externalizando sus costes sociales y económicos a las comunidades de origen de las mujeres migrantes.

La incapacidad para resolver la actual crisis de los cuidados en los países occidentales, fruto de la incorporación masiva de las mujeres al mercado laboral, el envejecimiento de la población y la nula respuesta por parte del Estado a estas necesidades, conlleva la «importación» masiva de mano de obra femenina de los países del Sur global, destinada al trabajo doméstico y de cuidado remunerado. De este modo, se establece una «cadena internacional del cuidado» que se convierte en un círculo vicioso y que permite, no lo olvidemos, la supervivencia del sistema capitalista y patriarcal (Ezquerra, 2010).

Ante un modelo agroalimentario incapaz de satisfacer las necesidades de las personas, que no respeta el ecosistema y que es en especial injusto con las mujeres, se plantea el paradigma alternativo de la soberanía alimentaria. Una propuesta que necesariamente tiene que ser feminista si quiere significar una alternativa real. Ya que sin igualdad de género en el acceso a la tierra, a las semillas, al crédito agrícola, a la maquinaria, a la formación, a la toma de decisiones, ¿qué soberanía alimentaria vamos a tener? Sin visualizar ni dar valor al trabajo de las mujeres en el campo, ¿qué soberanía alimentaria vamos a construir?

Aquí, ¿dónde están las campesinas?

De pequeña ayudaba a mis padres en el puesto de huevos que tenían en el Mercado Central de Sabadell. Iba después del colegio o los sábados. En los alrededores del mercado siempre había aquellas campesinas con sus improvisados puestos, y esas grandes cestas con verdura y fruta fresca. Una imagen que se repetía en innumerables mercados. Han pasado los años, y estas siguen allí. Sin embargo cuándo miramos al mundo rural, las campesinas son las invisibles de la tierra. ¿Cuántas han trabajado toda su vida en el campo y no constan en ningún lugar? ¿Qué es de las campesinas? ¿Dónde están? Analizamos su pasado, presente y futuro en el Estado español.

Sin derechos

El papel de la mujer campesina ha sido clave en el campo. Mujeres que cuidaban la tierra, hijas e hijos, la casa, los animales. A pesar de los años, y los cambios producidos en el medio rural, estas siguen teniendo un peso significativo en la agricultura familiar. Se calcula que un 82% de las mujeres rurales trabajan en la actualidad en el campo, pero la mayoría lo hacen en calidad de cónyuge o hijas, invisibles, sin derechos, consideradas formalmente, y en las estadísticas, como «ayuda familiar» (Ministerio de Agricultura, Alimentación y Medio Ambiente, 2011). Lo que significa que no cotizan a la seguridad social, no tienen acceso a una indemnización por paro, accidente, maternidad, a una pensión digna.

En estas circunstancias, la mujer carece de independencia económica, al no obtener una remuneración personal y directa por el trabajo que realiza, y depende del marido que ostenta la titularidad de la explotación agraria. Se trata de una situación que se da con frecuencia en pequeñas fincas, con escasos ingresos, y sin posibilidad de poder pagar dos cotizaciones a la seguridad social, en consecuencia se opta por abonar la del hombre, en detrimento de la mujer. María del Carmen García Bueno del Sindicato de Obreros del Campo lo deja claro: «A nosotras no se nos consideraba ni siquiera jornaleras, éramos amas de casa según las estadísticas y entre nosotras mismas no teníamos conciencia de ser trabajadoras» (Soberanía alimentaria, biodiversidad y culturas, 2010).

La propiedad de la tierra es una fuente clara de desigualdad. El 76% de las fincas tienen como titular y jefe de la explotación a un hombre, frente al 24% que se encuentran en manos de mujeres, según el Censo Agrario del 2009. Un porcentaje, este último, que ha aumentado recientemente debido a que en muchas parejas de edad avanzada el fallecimiento del cónyuge significa el paso de la propiedad a la esposa. No es fácil encontrar mujeres jóvenes o de mediana edad como titulares de explotaciones. Hay que tener en cuenta que las costumbres estimaban como legítimo heredero de la finca al hijo primogénito y varón, la mujer, por lo tanto, solo la heredaba si no tenía hermanos.

En los casos en que la mujer está al frente de la explotación, esta suele ser más pequeña, menos rentable y se encuentra ubicada, por lo general, en zonas desfavorecidas o de montaña. Un dato lo ilustra: el 61% de las mujeres titulares de fincas agrarias lo es de parcelas marginales y de difícil viabilidad económica, que para sobrevivir necesitan de otro empleo y tienen mayor riesgo de desaparecer. En Galicia, por ejemplo, se encuentra una cuarta parte de las mujeres de todo el Estado que son titulares de explotaciones, y el 79% de estas lo es de pequeñas fincas (VVAA, 2003).

La toma de decisiones en el campo, del mismo modo, recae en buena medida en el hombre. En la unidad familiar, hay un claro reparto de tareas en función del sexo. Así, aquellas actividades de carácter y responsabilidad pública (trabajo asalariado, participación en instancias varias, transacciones económicas relevantes) recaen en los varones, mientras que las de carácter privado (trabajo doméstico, cuidado de las personas dependientes, alimentación y salud de la familia) lo hacen en las mujeres. Una división de roles que otorga al campesino, y no a la campesina, el poder de decisión. Igualmente, la acumulación de trabajo productivo y reproductivo, y el no reparto de responsabilidades domésticas, impide a la mujer contar con tiempo disponible para participar en espacios de representación pública.

Las cooperativas agrarias están muy masculinizadas. Un 75% de sus miembros son hombres, frente al 25% de mujeres, y estas enfrentan importantes barreras para acceder a sus órganos de gestión, donde su participación es tan solo del 3,5% (Carretero y Avello, 2011). La membresía y las direcciones de la mayor parte de los sindicatos agrarios son otro claro ejemplo, integradas esencialmente por hombres, a pesar del trabajo fundamental y diario de la mujer en el campo.

Abandonando el mundo rural

El mundo rural, asimismo, ha sufrido una continua pérdida de población, que ha significado su envejecimiento y «masculinización». Si en 1999, el 19,4% de los habitantes del Estado español residían en algún municipio rural, diez años más tarde este porcentaje había descendido hasta el 17,7%. En los municipios con menos de dos mil habitantes, la caída era más aguda, con la pérdida del 30% de su población, según datos del Padrón municipal de 1999 y 2008. La vida rural se ha ido apagando. La migración de la gente joven unido al crecimiento demográfico negativo han sido las causas. Aunque parece que en los últimos años, dicha tendencia se ha estancado y se observa una «vuelta al campo» por parte de gentes de ciudad, si bien insuficiente, de momento, para frenar su despoblación.

El mundo rural padece un envejecimiento acelerado, el 22,3% de sus habitantes son mayores de 65 años, frente al 15,3% de las zonas urbanas. Los jóvenes que quieren estudiar marchan a las grandes urbes, y muchos ya no vuelven. A la vez, el número de mujeres con edades comprendidas entre los 20 y los 50 años disminuye, produciéndose una creciente «masculinización» (Ministerio de la Presidencia, 2010).

Las mujeres emigran a las ciudades ante la falta de oportunidades laborales en sus municipios y por las «resistencias sociales» a que estas asuman trabajos realizados tradicionalmente por hombres. De igual modo, y como señalan desde la Federación de Asociaciones de Mujeres Rurales (2012), su marcha se debe también «a la presión social derivada de la presencia de roles y estereotipos de género» y a la falta de servicios e infraestructuras (escuelas infantiles, asistencia sanitaria, transporte público, centros culturales) en pequeños municipios.

Salud amenazada

Otro de los impactos del sistema agrícola industrial en las mujeres campesinas y en el mundo rural se da sobre su salud. Hace meses, en un encuentro de mujeres campesinas en Tenerife, tuve la suerte de coincidir con la bailarina Ana Torres y su compañía Revolotearte. En dicho encuentro, interpretaron la representación *Primavera Silenciosa*, inspirada en la obra literaria del mismo nombre de Rachel Carson, donde a través de la danza, el cuerpo y las imágenes, se retrataba el brutal impacto del uso de agrotóxicos en la salud de las jornaleras en las plantaciones de tomates de Las Canarias. La *performance* compaginaba una impactante coreografía con imágenes y declaraciones registradas de trabajadoras del campo que explicaban en primera persona su experiencia.

«Yo me acuerdo. Nosotras en el llano y pasar la avioneta por encima de nosotras fumigando. Y nos quedábamos enchumbadas como cuando te cae una lluvia, igual. Todas llenas de veneno», afirmaba una de las jornaleras entrevistadas. Otra añadía: «No conocí los guantes, no conocí una mascarilla, no conocí lavarme las manos para sentarme a comer, porqué allí no se decía nada». Y otra más: «Vivíamos en la ignorancia. Sulfataban, pues sulfataban. El capataz nos decía que eso no mata a animal con hueso. Y nosotras veíamos a las orugas, las lagartijillas... y decíamos: 'Esto al no tener hueso, pues claro, a las pobres las mata'. Y, entonces, no piensas que a ti también te puede hacer daño».

En el archipiélago canario, según recoge una investigación de la Unidad de Toxicología de la Universidad de Las Palmas de Gran Canaria, el uso sistemático de grandes cantidades de pesticidas en la agricultura intensiva, entre ellos el DDT, que fue prohibido en Europa a finales de los años setenta, ha tenido un impacto directo en la salud de su población. Según la Agencia Internacional de Investigación en Cáncer, el DDT es una sustancia carcinogénica: «La exposición crónica al DDT y derivados se ha relacionado con diversos tipos de cánceres dependientes de estrógenos, como el cáncer de mama» (Zumbado, 2004).

Según dicha investigación, que sirvió como material de trabajo y documentación para la obra *Primavera Silenciosa*, el conjunto de la población canaria tiene unos niveles de residuos de DDT muy superiores a la media europea. En concreto, un 99,3% de los casos analizados presentaba algún tipo de residuo derivado del DDT, siendo las mujeres las más afectadas. No en vano, y como indica el mismo estudio, «las islas Canarias tienen una de las cifras más altas de incidencia y mortalidad por cáncer de mama» de todo el Estado. Andalucía es la segunda comunidad autónoma más afectada (Zumbado, 2004). Hay una relación directa entre agricultura intensiva, uso de agrotóxicos y altos niveles de DDT en la población, con un impacto directo en la salud pública, en especial la de las mujeres, sobre todo las campesinas.

Ley de titularidad compartida

Ante esta situación de falta de derechos e invisibilidad, las mujeres campesinas se han organizando y han exigido cambios. Una victoria significativa ha sido la Ley de Titularidad Compartida de las Explotaciones Agrarias, una demanda reclamada desde hace años, y aprobada, al final, por el Gobierno en septiembre de 2011, la cual tenía como objetivo favorecer la igualdad real de género en el campo. De este modo, la Ley permite a las campesinas figurar como cotitulares de la finca junto a su cónyuge, administrar y representar legalmente la explotación y que sus rendimientos económicos, ayudas y subvenciones correspondan a ambos. Se trata de dejar de lado el concepto de «ayuda familiar» y reconocer el trabajo de las mujeres en la finca.

Sin embargo, y como señala la secretaria general del Sindicato Labrego Galego Carme Freire (2012), a pesar de que «la Ley de Titularidad Compartida supone un paso de gigante a la hora de avanzar en el reconocimiento de los derechos de las mujeres en el ámbito profesional agrario», esta tiene carencias importantes como, por ejemplo, el hecho de que «para conseguir esa titularidad, el compañero o cónyuge debe estar de acuerdo en que podamos ser cotitulares. Es como si nos tuvieran que dar permiso para hacer efectivo un derecho». La responsable de política territorial del sindicato Unió de Pagesos en Catalunya Maria Rovira considera que dicha Ley beneficia a las explotaciones más grandes, que pueden dar de alta sin problemas a las mujeres en la seguridad social para constar como cotitulares y ser consideradas explotaciones «prioritarias», con mayor acceso a ayudas e incentivos fiscales en detrimento de las pequeñas fincas (López, 2011).

Más de tres años después de su puesta en marcha, los límites de la Ley son evidentes y su aplicación efectiva sigue pendiente. En realidad, tan solo unas cien agricultoras, de las 200.000 que no son titulares, han solicitado la cotitularidad, debido al escaso esfuerzo de la administración en publicitar la medida, y cuándo se demanda, la falta de información y las trabas burocráticas dificultan su ejecución (La Vía Campesina, 2013). La responsable del Área de Mujeres de la Coordinadora de Organizaciones Agrarias y Ganaderas (COAG) Idáñez Vargas tachó la Ley de ineficaz y criticó «el fracaso absoluto de este texto legislativo por su carácter voluntario y no obligatorio» (La Vía Campesina, 2013).

Nuevo campesinado

En la actualidad, un nuevo campesinado empieza a emerger en el mundo rural. Es lo que la doctora en geografía Neus Monllor (2012) ha definido como «jóvenes que están haciendo las cosas de otra manera, tanto si vienen de la agricultura tradicional como si son recién llegados. Se trata de jóvenes que están tomando las riendas de su actividad, que intentan ser muy autónomos y vender su producto directamente, que tienen muy en cuenta el territorio y la calidad... Sobre todo, este nuevo campesinado rompe con el discurso pesimista y continuista».

En este nuevo campesinado, el papel de las mujeres es relevante y fundamental. En muchos lugares del Estado, vemos nuevas experiencias de trabajo en el campo encabezadas por mujeres, en la agricultura y la ganadería, que toman los principios de la soberanía alimentaria y la agroecología como estandarte. Al mismo tiempo, se multiplican iniciativas que plantean, en las ciudades, otro modelo de consumo, con una relación directa y solidaria con el productor, como son los grupos y las cooperativas de consumo agroecológico, donde las mujeres, una vez más, juegan un rol primordial. Y no olvidemos los proyectos de huertos urbanos y las propuestas contra el despilfarro alimentario, entre muchas otras, que han ido ganando peso en los últimos años, con una participación femenina muy activa.

Más allá de la necesaria coordinación entre estas experiencias que apuestan por otra manera de producir, distribuir y consumir alimentos, creo imprescindible una mirada, y una reflexión, feminista a su trabajo. Algunas de las dificultades que estas pueden afrontar son idénticas, desde una perspectiva de género. Las reflexiones conjuntas de sus mujeres, sin lugar a dudas, pueden significar un paso adelante.

¿Dónde están la campesinas? Nos preguntábamos al inicio del artículo. Las campesinas están aquí, al frente, y pisando más fuerte que nunca.

De la comida y los cuidados

Hora de preparar la comida y encender los fogones, de poner la mesa y sacar los cubiertos, de hacer la lista de la compra y acercarse al «súper» o al mercado. En casa, dichas tareas han sido realizadas a lo largo de los años mayoritariamente por mujeres. Un trabajo, el de alimentarnos, imprescindible para nuestra vida y sustento. Sin embargo, una tarea invisible, no valorada. Comemos, a menudo, como autómatas y como tales ni reconocemos qué ingerimos ni quién pone el plato en la mesa.

La alimentación en los hogares continúa siendo con frecuencia territorio femenino. En el Estado español, un 80% de las mujeres son las que cocinan en casa, frente al 46% de los hombres. Y cuando estas entran en la cocina, le dedican más tiempo, 1 hora 44 minutos al día frente a los 55 minutos de ellos (INE, 2011b). Asimismo, las mujeres asumen en mayor medida tareas de organización (preparar comidas, previsión de compra de alimentos...), mientras que los hombres apoyan, cuando lo hacen, en la ejecución.

Unas «tareas alimentarias» que se sitúan en lo que la economía feminista llama «los trabajos de cuidados», esas actividades que no cuentan para el mercado pero que son imprescindibles para la vida: criar, dar de comer, gestionar el hogar, cocinar, atender a quienes lo necesitan (pequeños, enfermos, mayores), consolar, acompañar. Se trata de labores sin valor económico para el capital, «gratuitas», que no son consideradas trabajo, y que en consecuencia son menospreciadas, a pesar de equivaler al 53% del PIB del Estado español (De Blas, 2012).

Sacrificadas y abnegadas

Unas ocupaciones que el patriarcado otorga al género femenino, que por «naturaleza» tiene que asumir dichas funciones. La mujer madre, esposa, hija, abuela abnegada, sacrificada, altruista, que si no cumple con este deber, carga con el peso, la culpa, de ser «mala madre», «mala esposa», «mala hija», «mala abuela». Así, a lo largo de la historia, las mujeres han venido desarrollando estas tareas de cuidados, en función de su rol de género. La esfera del trabajo «productivo», de este modo, es dominio de la masculinidad, mientras que el trabajo considerado «improductivo», en el hogar y no remunerado, es patrimonio de las mujeres. Se establece una jerarquía clara entre trabajos de primera y «labores» de segunda. Imponiéndonos unas determinadas tareas, valoradas y no valoradas, visibles e invisibles, en función de nuestro sexo.

La alimentación, la cocina en el hogar, ir a comprar comida, las pequeñas huertas para el autoconsumo forman parte de estos trabajos de cuidados, que no se valoran ni se ven, pero que resultan imprescindibles. Tal vez por eso, no apreciamos ni qué ni cómo ni quién produce lo que comemos: pensamos que cuanto menos gastemos en alimentos, mejor; creemos que cocinar es perder el tiempo; optamos por comida *fast food*, «buena-bonita-barata» y rápida; asociamos ser campesino a «ser de pueblo» e ignorante. Nuestros cuidados, parece, no importan. Y acabamos delegando en el mercado, quien, al final, hace negocio con estos derechos.

Pero todos estos trabajos son vitales. ¿Qué sería de nosotros sin comer? ¿Sin una alimentación sana y saludable? ¿Sin quien cultivara la tierra? ¿Sin cocinar? O, ¿qué haríamos si nadie nos ayudara al estar enfermos? ¿Sin quien nos cuidara de pequeños? ¿Sin apoyo de mayores? ¿Sin ropa lavada? ¿Sin casas limpias? ¿Sin afecto ni cariño? No seríamos nada.

La «economía iceberg»

Este trabajo invisibilizado es el que, en definitiva, sustenta el lucro del capital. La metáfora de la «economía iceberg», acuñada por la economía feminista, lo pone blanco sobre negro (Durán, 2000; Pérez Orozco, 2006). La economía capitalista funciona como un iceberg, donde solo vemos la punta del témpano de hielo, una pequeña parte, la de la economía productiva, de mercado, el trabajo remunerado, asociado a lo masculino. Aunque la mayor parte del bloque permanece «escondido», bajo el agua. Se trata de la economía reproductiva, de la vida, de los cuidados, asociada a lo femenino. Sin esta, el mercado no funcionaría, porque nadie lo sostendría. Un ejemplo, ¿cómo mantener jornadas laborales invivibles e incompatibles con la vida personal y familiar, sin nadie que se ocupe de mantener la casa, preparar la comida, ir a buscar los pequeños al colegio, cuidar de los mayores dependientes? Para que algunos puedan trabajar «en mayúsculas», otras lo tienen que hacer «en minúsculas».

Tomando la metáfora de la «economía iceberg» y desde una perspectiva ecologista, vemos también cómo la naturaleza forma parte de este sustento invisible que permite mantener a flote al capital. Sin sol ni tierra ni agua ni aire no hay vida. La riqueza de unos pocos, y el fetiche del crecimiento infinito, se sostiene en la explotación sistemática de los recursos naturales. Volviendo a lo que nos da de comer, sin dichos recursos y sin semillas, plantas ni insectos no hay comida. La agricultura industrial capitalista avanza, generando hambre, descampesinización, cambio climático..., a partir del abuso indiscriminado de estos bienes.

¿Qué hacer? Se trata, como dicen las economistas feministas, de colocar la vida en el centro. Visibilizar, valorar y compartir dichos trabajos de cuidados. Hacer visible lo invisible, mostrar la parte oculta del «iceberg». Valorar estas tareas como imprescindibles, reconocer quienes las ejercen y otorgarles el lugar que merecen. Y, finalmente, compartirlas, ser corresponsables. La vida y el sustento es cosa de todas... y todos. La comida, también.

V. TRANSGÉNICOS NO, GRACIAS

Transgénicos: «Spain is different»

Trasgénicos, sí o sí. No nos dejan opción. La Comisión Europea de este modo lo impuso a principios de 2014 cuando decidió aprobar, pese al rechazo de la mayor parte de países miembros, el cultivo de un nuevo maíz transgénico en Europa: el TC1507 del grupo Pioneer-DuPont. Los votos en contra de 19 países, de un total de 28, en el Consejo de Ministros de la Unión e incluso el rechazo mayoritario del Parlamento Europeo de poco sirvieron. La Comisión argumentó que la mayoría contraria alcanzada en el Consejo, al no ser cualificada, era insuficiente para dar carpetazo a la propuesta. Así funciona la Comisión, que usa dicho mecanismo para imponer medidas impopulares cuando le interesa. ¿Quién manda en Europa? ¿Los ciudadanos o los *lobbies*?

La Unión Europea, de hecho, permite ya el cultivo de transgénicos. En concreto, el del maíz MON810 de Monsanto. Un maíz modificado genéticamente, al que se le introduce el gen de una bacteria que le lleva a producir una toxina, conocida como Bt, que lo hace resistente al taladro, permitiendo combatir esta plaga. Sin embargo, muchos de los países miembros, como Francia, Alemania, Austria, Grecia, Irlanda, Polonia, Italia, Hungría..., lo prohíben. Informes científicos advierten de su impacto negativo en el medio ambiente y señalan claras incertidumbres en la salud, entre otras cuestiones (Som lo que sembrem, 2014). Prima, en estos países, el principio de precaución: si las consecuencias de una práctica pueden ser negativas e irreversibles, no se lleva a cabo hasta que son adquiridos los conocimientos científicos necesarios para evitarlas.

Amistades peligrosas

Aunque, como dirían en tiempos del generalísimo Francisco Franco, *Spain is different*. El Estado español es el único país de la Unión Europea que cultiva maíz transgénico a gran escala, sobre todo en Aragón y Catalunya. Se calcula que aquí se siembra el 80% de la producción de toda Europa, según datos del Servicio Internacional de Agrobiotecnología (ISAAA) (2010). Y eso, sin tener en cuenta los campos experimentales. ¿Por qué? Su cultivo empezó en 1998, bajo el gobierno de José María Aznar y el Partido Popular (PP), con la producción de la variedad de maíz transgénico Bt176 de Syngenta, que en 2005 fue prohibida por sus efectos negativos en el ecosistema. Desde entonces, la producción que se lleva a cabo es la del maíz transgénico MON810. Los vínculos estrechos entre industria biotecnológica, principal promotora de los Organismos Genéticamente Modificados (OGM), y las instituciones públicas explican el porqué. Amistades peligrosas para el bien común.

La dinámica de «puertas giratorias», el paso de la empresa privada a la administración pública por parte de altos cargos y viceversa, ha estado al orden del día tanto en los gobiernos del PP como del PSOE. La actual secretaria de Estado de Investigación Desarrollo e Innovación en el Ministerio de Economía Carmen Vela fue anteriormente presidenta de la Sociedad Española de Biotecnología (SEBIOT), con una apuesta clara por los cultivos transgénicos. En el anterior gobierno del PSOE, Cristina Garmendia, ministra de Ciencia e Innovación, antes de ocupar este cargo fue la presidenta de ASEBIO, el principal lobby protransgénico en el Estado, con empresas como Monsanto, Bayer, Pioneer-DuPont entre sus miembros. Es obvio a quiénes benefician las medidas que se toman en dichos departamentos. Y estos no son los únicos ejemplos. Hay muchos más, como constata el informe *Las malas compañías. ¿Quién decide la política del Gobierno sobre transgénicos?* de Amigos de la Tierra (2009).

El Estado español se ha convertido en la puerta de entrada de los transgénicos en Europa. Incluso los cables filtrados por Wikileaks dejaron constancia de ello al destapar cómo el secretario de Estado de Medio Rural Josep Puxeu, en 2009, llegó a pedir al embajador de Estados Unidos que «mantuvieran la presión» sobre la Unión Europea en favor de los OGM (*El País*, 2010). La alianza entre ambas administraciones es clave en la defensa de los intereses de compañías como Monsanto.

El gobierno asimismo no escatima recursos en subvencionar la investigación sobre cultivos y alimentos transgénicos, a la que destina 60 veces más dinero que al estudio sobre agricultura ecológica, aunque esta última genera 25 veces más empleo que la primera (Amigos de la Tierra, 2010). Y cuando se trata de dar cifras sobre el número de hectáreas cultivadas no duda, año tras año, en anunciar «nuevos récords». Estos datos chocan con los proporcionados por organizaciones agrarias y ecologistas, y obtenidos de las Comunidades Autónomas, que las sitúan en niveles incluso inferiores a los de 2008, con un total de 70.000 hectáreas cultivadas frente a las 137.000 que indica el Ministerio de Agricultura, Alimentación y Medio Ambiente (Ecologistas en Acción, 2014a). Las organizaciones acusan al gobierno de dar datos falsos. El discurso antitransgénicos parecería estar calando, y por eso se cultivarían menos transgénicos, muy a pesar de algunos.

Contaminación, abejas y más herbicidas

El impacto de los transgénicos lo podemos situar en tres niveles: sobre el medio ambiente, la salud y a nivel político.

La coexistencia entre cultivos transgénicos y convencionales y ecológicos se ha demostrado imposible (Binimelis, 2007). A pesar de que existen recomendaciones que plantean la necesidad de una distancia mínima entre ambos, esta resulta insuficiente, ineficaz y además la administración no muestra ningún interés en regularla formalmente. La contaminación se puede producir en diferentes etapas de la cadena: desde la semilla, a través de la polinización, vía el transporte, en el almacenaje o durante el procesado. Varios casos han sido ya denunciados. Esta situación ha conducido al abandono del cultivo de maíz, en especial el ecológico, después que diversas variedades hayan sido contaminadas sin remedio. Entre los años 2004 y 2005, la producción de maíz ecológico en el Estado español disminuyó un 42% y en Aragón, donde más se conrean transgénicos, un 69% (Cipriano, Carrasco y Arbós, 2006).

El impacto especialmente en abejas, pero también en otros insectos claves para la polinización como abejorros, mariposas, avispas... es una realidad. En concreto, el maíz transgénico Bt desprende una toxina que no solo acaba con la plaga del taladro sino que en ocasiones puede afectar a estos otros insectos. Desde finales de los ochenta, se ha observado un declive muy importante de la población de abejas a causa de la agricultura industrial y transgénica y el uso de plaguicidas químicos que las debilitan o matan (Tirado, Simon y Johnston, 2013). ¿Si las abejas desaparecen quién polinizará los cultivos?

Los defensores de los transgénicos afirman que estos reducen el uso de pesticidas químicos. Nada más lejos de la realidad. El maíz Bt, por ejemplo, al desprender por sí mismo una toxina que acaba con determinadas larvas se convierte en, lo que podríamos denominar, un «maíz insecticida». Evidentemente, no se debe de aplicar un pesticida a dicho cultivo porque la misma planta ya lo desprende las 24 horas del día. A parte, hay que tener en cuenta las resistencias que los insectos pueden desarrollar en estos monocultivos con tantas toxinas y la aparición de plagas secundarias que necesitan ser tratadas con más productos químicos (GRAIN, 2013).

Lo mismo sucede con los transgénicos tolerantes a herbicidas, que incorporan un gen que permite fumigarlos con un solo herbicida, de tal modo que la planta, al ser resistente a dicho herbicida, no se ve afectada a diferencia de todo aquello que la rodea. El herbicida más utilizado es el Roundup de la multinacional Monsanto, y su compuesto principal es el glifosato. La extensión a gran escala de estos cultivos, en particular la producción de soja transgénica a nivel mundial, ha implicado un mayor uso de herbicidas. En Argentina, por ejemplo, treinta años atrás el cultivo de soja era casi inexistente, actualmente más de las mitad de sus tierras agrícolas son monocultivos sojeros. Si en 1995, se utilizaban ocho millones de litros de glifosato para dichos campos, hoy suman más de 200 millones. Saquen cuentas. A parte, la extensión masiva de este cultivo ha generado la aparición de casi dos docenas de plantas resistentes a estos herbicidas. Lo que ha obligado a usar más agrotóxicos para combatirlas. El caso de Estados Unidos es obvio: los agricultores que en 2011 cultivaron sus campos con semillas transgénicas necesitaron un 24% más de herbicidas, para combatir las «malas hierbas» resistentes, que quienes sembraron cultivos convencionales (GRAIN, 2013).

Salud en juego

Otro de los temas más controvertidos es el impacto de los transgénicos en la salud de las personas. Muchos dicen que son inocuos, que han sido suficientemente testados y que no implican ningún riesgo para nuestro organismo. Desde administraciones públicas pasando por departamentos universitarios hasta comités científicos defienden dicha posición. Sin embargo, a menudo se obvian los intereses ocultos tras estas afirmaciones. Los tentáculos de la industria biotecnológica son muy largos. Incluso empresas como Bayer y Syngenta, al frente de la industria transgénica, cuentan ya con cátedras propias: la Cátedra Bayer CropScience en la Universidad Politécnica de Valencia y la Cátedra UAM-Syngenta de Fertilizantes de Micronutrientes en la Universidad Autónoma de Madrid. Queda claro a qué intereses responde su trabajo, divulgación e investigaciones universitarias.

Informes científicos independientes señalan, en cambio, el impacto negativo que pueden tener los transgénicos en nuestra salud: nuevas alergias, resistencia a antibióticos, disminución de la fertilidad, daños en órganos internos, etc. (Greenpeace, 2009). «Los riesgos sanitarios a largo plazo de los OGM presentes en nuestra alimentación o en la de los animales cuyos productos consumimos no se están evaluando correctamente», sentencia Greenpeace (2009). Tan pronto como estos informes críticos ven la luz, múltiples son los intentos para desacreditarlos y difamar a sus autores. Hay muchos intereses en juego por parte de empresas como Monsanto, Bayer, DuPont, Syngenta, abundante dinero a ganar o a perder en función del dictamen de la opinión pública. Para estas empresas se trata de una «guerra» donde todo vale. Las campañas de desprestigio a quienes ponen sus verdades absolutas en cuestión son buena prueba de ello.

El caso del Dr. Gilles-Éric Séralini (2013), que ha liderado uno de los estudios críticos con mayor repercusión mediática, ha sido tal vez el mejor ejemplo. Su equipo de investigación, en la Universidad de Caen, Francia, hizo público, en septiembre de 2012, las conclusiones de una investigación científica que ponía en evidencia los efectos nocivos a largo plazo del maíz transgénico NK603 y del pesticida Roundup en experimentos con ratas, las cuales a lo largo del ensayo desarrollaron enormes tumores y enfermedades renales y hepáticas. La ofensiva contra este estudio no se hizo esperar e incluso la Agencia Europea de Seguridad Alimentaria se posicionó en su contra, Agencia, por cierto, con vínculos estrechos con la industria biotecnológica y cuya independencia deja mucho que desear (Holland, Robinson y Harbinson,

2012). También, en noviembre del 2013, la revista científica *Food and Chemical Toxicology*, que había divulgado dicho informe, se retractó de su publicación ¿Casualidad? La organización GMWatch (2013) señalaba con datos esclarecedores la ofensiva de la industria biotecnológica para controlar estas publicaciones.

Más allá de estos informes científicos, existen tristemente múltiples evidencias documentadas en primera persona y en todo el mundo del negativo impacto en la salud humana del cultivo de transgénicos y el uso sistemático de herbicidas con glifosato. La experiencia en Argentina de Sofía Gatica, fundadora de Madres de Ituzaingó y merecedora de un Premio Nobel Alternativo, es un buen ejemplo. Sofía Gatica perdió una hija no más nacer a causa de una repentina parada de riñón. Un hecho que la llevó a investigar las causas y descubrió cómo las fumigaciones con glifosato sobre los campos sojeros alrededor de su barrio, Ituzaingó, en la ciudad argentina de Córdoba, eran las responsables. Su trabajo, puerta a puerta, la llevó, junto a otras mujeres afectadas, a destapar decenas de casos de enfermos de cáncer, malformaciones en niños, problemas respiratorios y de riñón, leucemia... Un estudio epidemiológico realizado en la zona confirmó sus temores: el agua que tomaban estaba contaminada con pesticidas y numerosos pequeños tenían tóxicos en su sangre. Muchas Sofías Gatica son las que sufren las consecuencias de las prácticas de multinacionales como Monsanto. A pesar de que el dolor afecte a menudo a los más débiles es imposible acallarlo.

Concentración empresarial

Más allá del impacto en el medio ambiente y en la salud, otro de los efectos negativos de los transgénicos se da a nivel político, en lo que concierne al control de las semillas, la esencia de la vida, y otros insumos agrícolas (la genética del ganado, los plaguicidas y fertilizantes químicos, etc.). A día de hoy, unas pocas multinacionales como Syngenta, Bayer, BASF, Dow, Monsanto y DuPont controlan el 60% de las semillas que se comercializan y el 76% de los agroquímicos que se aplican a los cultivos (Grupo ETC, 2013a). Vemos cómo los mismos que hacen negocio patentado las simientes son los que también se lucran comercializando los pesticidas químicos que se emplean en la agricultura «moderna».

La concentración empresarial aumenta, y tiene consecuencias. Por poner un ejemplo, el precio de las semillas en Estados Unidos, entre 1994 y 2000, aumentó más que cualquier otro insumo agrícola, doblando su coste en relación al precio que los agricultores obtenían por las cosechas (Grupo ETC, 2013a). Monsanto es la empresa más grande de semillas del mundo y es al mismo tiempo la cuarta mayor productora de pesticidas.

Algunos dirán que las reflexiones aquí vertidas son tendenciosas, pero sería bueno recordar que el posicionamiento dominante, político, mediático y científico en relación a los transgénicos es un discurso único servido en bandeja por la industria biotecnológica y transgénica. Unas compañías que destinan millones de euros a ensalzar las virtudes de los OGM, que compran estudios, cátedras y departamentos universitarios supuestamente objetivos y que establecen relaciones estrechas con los políticos de turno. Para que no haya dudas: no se trata de oponerse a los avances científicos. Ni mucho menos. Lo que necesitamos es fomentar una ciencia independiente de los intereses de las grandes empresas y al servicio del bien común.

La información es poder. Aquí la tienen, lean y juzguen.

Wikileaks y los transgénicos

Los intereses de la industria biotecnológica y las alianzas políticas para promover los transgénicos tampoco escaparon a los cables de Wikileaks. A finales de 2010, este portal revelaba las conversaciones mantenidas entre la embajada de Estados Unidos y el gobierno español, donde este último pedía a Washington que «presionara Bruselas a favor de los transgénicos» (*El País,* 2010).

Los cables, de los años 2008 y 2009, ponían de manifiesto la alianza entre ambos gobiernos a favor de los Organismos Genéticamente Modificados y su preocupación ante el veto de diferentes países europeos, como Alemania, Francia, Austria, Grecia, Luxemburgo y Hungría, al maíz transgénico MON810, propiedad de Monsanto, y por el avance del movimiento contra los transgénicos en el Estado español. Asimismo, los cables dejaban constancia de la mediación de la embajada estadounidense a favor de Monsanto y en contra de las posiciones de la Comisión Europea para limitar su cultivo.

Una ILP con numerosos apoyos

Catalunya ha sido uno de los principales escenarios de lucha contra los OGM con el impulso de una Iniciativa Legislativa Popular (ILP), promovida por la plataforma Som lo que sembrem (Somos lo que sembramos), que llegó a presentarse en el Parlament de Catalunya el 2 de julio de 2009 con el apoyo de 106.000 firmas, el doble de las necesarias para poder tramitarse, y que exigía una moratoria en el cultivo de los alimentos transgénicos, una investigación independiente sobre sus efectos sanitarios y ambientales, un etiquetado transparente del proceso de producción y declarar Catalunya «zona libre de transgénicos».

A pesar de los numerosos apoyos, cuando la ILP se presentó en el Parlament, las enmiendas a la totalidad de PSC, CIU y PP la tumbaron, incluso antes de ser discutida. Por su parte, ERC e ICV, si bien la apoyaron formalmente, optaron por la posición cómoda de mirar hacia otro lado ante la política del PSC, obviando que eran socios de su gobierno.

Los informes que asesoraron a los parlamentarios en la toma de esta decisión, procedentes del Consell Assessor del Parlament sobre Ciència i Tecnologia, distaban mucho, como denunció Som lo que sembrem (2009), de representar un «asesoramiento neutral, objetivo e independiente». Por el contrario, y citando dicha plataforma, estos informes transmitían «una apariencia de inevitabilidad de los OGM y una supuesta coincidencia de opiniones entre los expertos y sectores afectados», a la vez que «difamaban de manera radical un extenso movimiento campesino y social en nuestro país al tiempo que se obviaba toda la problemática de los transgénicos agrícolas en Catalunya y su trascendencia».

No debemos olvidar que Catalunya es el segundo territorio europeo con más hectáreas cultivadas de maíz transgénico, un total de 26.000, justo después de Aragón con 31.000. Estas cifras sitúan al Estado español como el principal productor de maíz transgénico de la Unión Europea, con un 75% de la producción total (Oms, 2009).

De este modo, aunque los informes de Som lo que sembrem y otras organizaciones ecologistas señalaban que el cultivo de OGM promueve un mayor uso de herbicidas y la consiguiente contaminación de suelos y aguas; que la coexistencia entre estos cultivos y otros de convencionales y ecológicos es imposible fruto de la contaminación genética, acabando con variedades locales y tradicionales; que el cultivo de miles de hectáreas de OGM no tiene en cuenta el principio de precaución que sí defienden otros países europeos... la ILP contra los transgénicos no prosperó.[1]

Los cables filtrados por Wikileaks en 2010 volvieron a poner estos hechos sobre la mesa. ¿Por qué nos tendría que sorprender no solo la alianza estratégica del gobierno estadounidense y español a favor de los transgénicos, sino la de ambos gobiernos con multinacionales de la industria biotecnológica como Monsanto y Syngenta? La información que trascendió a la opinión pública gracias a Wikileaks confirmó como una vez más los intereses privados pasan por encima del bien colectivo, dando más sentido que nunca a la consigna de Som lo que sembrem: «Transgénicos, ni aquí ni en ningún lugar».

¿Moscas transgénicas para la agricultura?

Moscas transgénicas, la solución definitiva a determinadas plagas en la agricultura. Así, en 2009, nos vendían este nuevo «invento» de la industria biotecnológica. Y el primer lugar donde planteaban ponerlo en marcha no era otro que Catalunya. Lástima que lo que se presentaba como la solución milagrosa a la plaga de la mosca del olivo generaba más interrogantes que respuestas.

La información salió a la luz en verano de 2009, y pasó bastante desapercibida si tenemos en cuenta las consecuencias que podía llegar a tener para el medio ambiente y nuestra salud, a parte de ser la primera vez en Europa que se pretendían soltar en el medio ambiente animales modificados genéticamente. La empresa biotecnológica inglesa Oxitec solicitó, a principios de 2009, a la Generalitat de Catalunya permiso para liberar en el campo de Tarragona moscas transgénicas con el objetivo de combatir el problema de la mosca del olivo.

Aunque la empresa insistió en las virtudes de la medida, esta planteaba dudas importantes. ¿Cuál sería la reacción de las moscas

1. En la página web de Som lo que sembrem (http://www. somloquesembrem. org/) se pueden consultar todos los documentos relativos a la ILP presentada en 2009.

transgénicas una vez liberadas? ¿Cómo interactuarían con otros seres vivos? ¿Qué consecuencias podría tener su entrada en la cadena alimentaria al ser ingeridas por aves y roedores? Y, ¿en nuestro organismo? Hay que tener en cuenta que las moscas transgénicas solo han sido probadas en el laboratorio. La naturaleza es un sistema muy complejo, en el que interaccionan varias especies, y no responde mecánicamente.

El principio de precaución es el que siempre tendría que prevalecer. No es posible, considero, poner en libertad insectos que tienen el ADN modificado con genes de otros organismos, sin estar seguros de las consecuencias que esto puede tener y de si estas serán reversibles o no. Vemos, una vez más, como las empresas biotecnológicas apuestan por experimentar con la naturaleza y nuestra salud. Y es que los insectos transgénicos son una de las nuevas fuentes de negocio para las multinacionales del sector.

El conflicto de intereses es otro de los problemas evidentes. Ningún país del mundo tiene una regulación específica para la introducción de insectos modificados genéticamente. ¿A quién, por curiosidad, se está encargando la elaboración de dichas regulaciones, directivas y marcos de trabajo? A los mismos empleados de la principal empresa que los provee, Oxitec. El informe *Genetically-modified insects: under whose control?* (Insectos modificados genéticamente: ¿bajo el control de quién?) de GeneWatch (2012) y otras organizaciones así lo testifica. Oxitec, por cierto, cuenta con el apoyo activo del gigante de la industria biotecnológica Syngenta.

Afortunadamente, la Comisión Nacional de Bioseguridad, dependiente del Ministerio de Agricultura, desestimó la propuesta y exigió nuevos informes, en caso de que la empresa quisiera su reconsideración. La Generalitat de Catalunya, del mismo modo, quien tenía la última palabra, rechazó la solicitud. Aun así, Oxitec aseguró que lo intentaría más adelante a partir de nuevas pruebas y resultados.

Monsanto, la semilla del diablo

«La semilla del diablo», así fue como el popular presentador del canal estadounidense HBO Bill Maher bautizó, en uno de sus programas y en referencia al debate sobre los Organismos Genéticamente

Modificados, a la multinacional Monsanto. ¿Por qué? ¿Se trata de una afirmación exagerada? ¿Qué esconde esta gran empresa de la industria de las semillas?

Monsanto es una de las compañías más grandes del mundo y la número uno en simientes transgénicas, el 90% de los cultivos modificados genéticamente a escala global cuentan con sus rasgos biotecnológicos. Un poder total y absoluto. Asimismo, Monsanto está a la cabeza de la comercialización de semillas, y controla el 26% del mercado. A más distancia, la sigue DuPont-Pioneer, con un 18%, y Syngenta, con un 9%. Solo estas tres empresas dominan más de la mitad, el 53%, de las semillas que se compran y venden en todo el planeta. Las diez grandes, controlan el 75% del mercado (Grupo ETC, 2003b). Esto les da un poder enorme a la hora de imponer qué se cultiva y, por lo tanto, qué se come. Una concentración empresarial que ha ido en aumento en los últimos años y que erosiona la seguridad alimentaria.

La avaricia de estas empresas no tiene límites y su objetivo es acabar con variedades de semillas locales y antiguas, aún hoy con un peso muy significativo especialmente en las comunidades rurales de los países del Sur. Unas simientes autóctonas que representan una clara competencia para las híbridas y transgénicas de las multinacionales, las cuales privatizan la vida, impiden al campesinado obtener sus propias semillas, los convierten en «esclavos» de las compañías privadas, a parte de su negativo impacto en la salud de las personas y en el medio ambiente, con la contaminación de otros cultivos por parte de aquellas modificadas genéticamente. Monsanto no ha escatimado recursos para acabar con las semillas campesinas: demandas legales contra agricultores que intentan conservarlas, patentes monopólicas, desarrollo de tecnología de esterilización genética de simientes, etc. Se trata de controlar la esencia de los alimentos, y aumentar así su cuota de negocio.

La introducción en los países del Sur, en particular en aquellos con vastas comunidades campesinas capaces todavía de proveerse de semillas propias, es una prioridad para estas compañías. Así, las multinacionales semilleras han intensificado las adquisiciones y alianzas con empresas del sector principalmente en África e India, han apostado por cultivos destinados a los mercados del Sur Global y han promovido políticas para desalentar su reserva de simientes.

Monsanto, como reconoce su principal rival DuPont-Pioneer, es el «guardián único» del mercado de las semillas, ya que controla el 98% de la comercialización de las semillas de soja transgénica tolerante a herbicida y el 79% del maíz (Grupo ETC, 2011). Lo que le da suficiente poder como para determinar el precio de las simientes con independencia de sus competidores.

De las simientes a los agrotóxicos

Sin embargo, Monsanto no tiene suficiente con controlar las semillas sino que, para cerrar el círculo, busca dominar también aquello que se aplica a su cultivo: los agrotóxicos. Monsanto es la quinta empresa agroquímica mundial y controla el 7% del mercado de insecticidas, herbicidas, fungidas, etc., por detrás de otras empresas, líderes a la vez en el mercado de las simientes, como Syngenta que domina el 23% del negocio de los agrotóxicos, Bayer el 17%, BASF el 12% y Dow AgroSciences casi el 10%. Cinco empresas controlan de este modo el 69% de los pesticidas químicos de síntesis que se aplican a los cultivos a escala mundial (Grupo ETC, 2013b). Los mismos que venden al campesinado las semillas híbridas y transgénicas son los que les suministran los pesticidas a aplicar. Negocio redondo.

El impacto medioambiental y en la salud de las personas es dramático. A pesar de que las empresas del sector señalan el carácter «amigable» de estos productos con la naturaleza, la realidad es justo la contraria. Hoy, tras años de suministro del herbicida de Monsanto Roundup Ready, a base de glifosato, que ya en 1976 fue el herbicida más vendido del mundo, según datos de la misma compañía (Monsanto, 2014), y que se aplica a las semillas de Monsanto modificadas genéticamente para tolerar dicho herbicida mientras este acaba con la maleza, varias son las hierbas que han desarrollado resistencias. Solo en Estados Unidos, se estima que han aparecido unas 130 malezas resistentes a herbicidas en 4,45 millones de hectáreas de cultivos (Grupo ETC, 2011). Lo que ha llevado a un aumento del uso de agrotóxicos, con aplicaciones más frecuentes y mayores dosis para combatirlas, con la consiguiente contaminación ambiental del entorno.

Las denuncias de campesinos y comunidades afectadas por el uso sistemático de pesticidas químicos de síntesis es una constante. En Francia, el parkinson es incluso considerado una enfermedad laboral agrícola causada por el uso de los agrotóxicos, después de que el campesino Paul François ganará en 2012 la batalla judicial contra Monsanto, en el Tribunal de Gran Instancia de Lyon, y consiguiera demostrar que su herbicida Lasso era responsable de haberlo intoxicado y dejarlo inválido (Bellver, 2012). Una sentencia histórica que permitió sentar jurisprudencia. El caso de las Madres de Ituzaingó, un barrio de las afueras de la ciudad argentina de Córdoba, rodeado de campos de soja, en lucha contra las fumigaciones es otro ejemplo. Tras diez años de denuncia, y después de ver cómo el número de enfermos de cáncer y niños con malformaciones en el barrio no hacía sino aumentar, de 5.000 habitantes 200 tenían cáncer, consiguieron demostrar el vínculo entre las enfermedades y los agroquímicos (el endosulfán de DuPont y el glifosato de Roundup de Monsanto) aplicados en las plantaciones sojeras de sus alrededores. La Justicia prohibió, gracias a su movilización, fumigar con agrotóxicos cerca de zonas urbanas (Aranda, 2009). Estos son tan solo dos casos de los muchos que podemos encontrar en todo el planeta.

Ahora, los países del Sur son el nuevo objetivo de las empresas de agroquímicos. Mientras que las ventas globales de pesticidas descendieron en los años 2009 y 2010, su uso en los países de la periferia aumentó. En Bangladesh, por ejemplo, la aplicación de pesticidas creció un 328% en la década del 2000, con el consiguiente impacto en la salud campesina (Agronews, 2010). Entre 2004 y 2009, África y Medio Oriente tuvieron el mayor consumo de pesticidas. Y en América Central y del Sur se espera un aumento del consumo en los próximos años. En China, la producción de agroquímicos alcanzó en 2009 dos millones de toneladas, más del doble que en 2005 (Grupo ETC, 2011).

Una historia de terror

Pero, ¿de dónde surge dicha empresa? Monsanto fue fundada en 1901 por el químico John Francis Queeny, proveniente de la industria farmacéutica. Su historia es la historia de la sacarina y el aspartamo, del PBC, del agente naranja, de los transgénicos. Todos fabricados, a lo largo de los años, por dicha empresa. Una historia de terror.

Monsanto se constituyó como una empresa química y en sus orígenes su producto estrella era la sacarina, que distribuía para la industria alimentaria y en particular para Coca-Cola, del que fue uno de sus principales proveedores. Con los años, expandió su negocio a la química industrial, convirtiéndose, en la década de los veinte, en uno de los mayores fabricantes de ácido sulfúrico. En 1935, absorbió a la empresa que comercializaba policloruro de bifenilo (PCB), utilizado en los transformadores de la industria eléctrica. En los cuarenta, Monsanto centró su producción en los plásticos y las fibras sintéticas, y en 1944 comenzó a producir químicos agrícolas como el pesticida DDT. En los sesenta, junto con otras empresas del sector como Dow, fue contratada por el gobierno de Estados Unidos para producir el herbicida agente naranja, que fue utilizado en la guerra de Vietnam. En este período se fusionó con la empresa Searla, descubridora del edulcorante no calórico aspartamo. Monsanto fue productora asimismo de la hormona sintética de crecimiento bovino somatotropina bovina. En la década de los ochenta y noventa, Monsanto apostó por la industria agroquímica y transgénica, hasta llegar a convertirse en la número uno indiscutible de las semillas modificadas genéticamente (Zacune, 2012).

Actualmente, muchos de los productos *made by* Monsanto han sido prohibidos, como el PCB, el agente naranja o el DDT, acusados de provocar graves daños en la salud humana y el medio ambiente. Solo el agente naranja en la guerra de Vietnam fue responsable de decenas de miles de muertos y mutilados, así como de pequeños nacidos con malformaciones. La somatotropina bovina también está vetada en Canadá, la Unión Europea, Japón, Australia y Nueva Zelanda, a pesar de que se permite en los Estados Unidos. Lo mismo ocurre con el cultivo de transgénicos, omnipresente en Norteamérica pero prohibido su cultivo en la mayoría de países europeos, a excepción del Estado español.

Monsanto se mueve como pez en el agua en las bambalinas del poder. Wikileaks lo constató cuando filtró más de 900 mensajes que mostraban cómo la administración de Estados Unidos había gastado cuantiosos recursos públicos para promocionar a Monsanto y a los transgénicos en muchísimos países, a través de sus embajadas, su Departamento de Agricultura y su agencia de desarrollo USAID (Food&Water Watch, 2013). La estrategia consistía y consiste en conferencias «técnicas» explicando las virtudes de los OGM dirigidas a periodistas, funcionarios y creadores de opinión, presiones bilaterales para adoptar legislaciones favorables y abrir mercado a las empresas del sector, etc. El gobierno español es en Europa el principal aliado de EEUU en dicha materia.

Plantar cara

Ante tanto despropósito, muchos no callan y plantan cara. Miles son las resistencias contra Monsanto en todo el mundo (Zacune, 2012). El 25 de mayo ha sido declarado día de acción global contra esta compañía y centenares de manifestaciones y acciones de protesta se llevan a cabo en esta fecha alrededor del globo. En 2013 se realizó la primera convocatoria, miles de personas salieron a la calle en varias ciudades de 52 países distintos, desde Hungría hasta Chile pasando por Holanda, Estado español, Bélgica, Francia, Sudáfrica, Estados Unidos, entre otros. El 25 de mayo del 2014, la segunda convocatoria, menos concurrida, se llevó a cabo con acciones en 49 países.

América Latina es en estos momentos uno de los principales frentes de lucha contra la compañía. En Chile, la protesta social logró, en marzo de 2014, la retirada de la conocida como Ley Monsanto que pretendía facilitar la privatización de la semillas locales en manos de la industria. Otra gran victoria fue en Colombia, un año antes, cuando el masivo paro agrario, en agosto de 2013, logró la suspensión de la Resolución 970, que obligaba a los campesinos a usar exclusivamente semillas privadas, compradas a las empresas del agronegocio, y les impedía guardar las suyas propias. En Argentina, los movimientos sociales están en pie contra otra Ley Monsanto, que pretende aprobarse en el país y subordinar la política nacional de simientes a las exigencias de las empresas transnacionales. Más de 10.000 argentinos han firmado ya contra dicha ley en el marco de la campaña No a la Privatización de las Semillas.

En Europa, Monsanto quiere ahora aprovechar la grieta que abren las negociaciones del Tratado de Libre Comercio Unión Europea-Estados Unidos (TTIP) para presionar en función de sus intereses particulares y poder legislar por encima de la voluntad de los países miembros, muchos contrarios a la industria transgénica.

Monsanto es la semilla del diablo, sin lugar a dudas.

Cuando se premia a los que generan hambre

Vivimos en un mundo al revés, en el que se premia a las multinacionales de la agricultura transgénica, mientras estas acaban con la agricultura y la agrodiversidad. El Premio Mundial de Alimentación 2013, lo que algunos llaman el Nobel de Agricultura, fue concedido a dos representantes de la industria transgénica: Robert Fraley de Monsanto y Mary-Dell Chilton de Syngenta. El tercer galardonado fue Marc Van Montagu de la Universidad de Gante (Bélgica). Todos ellos distinguidos por sus investigaciones a favor de la agricultura biotecnológica.

Y me pregunto: ¿Cómo puede ser que se conceda un galardón que teóricamente, y según se define, reconoce «las personas que han hecho avanzar [...] la calidad, la cantidad y el acceso a los alimentos» a quienes precisamente promueven un modelo agrícola que genera hambre, pobreza y desigualdad? Los mismos argumentos, imagino, que llevan a conceder el Nobel de la Paz a quienes fomentan la guerra. Como dice el escritor Eduardo Galeano (2005), en su libro *Patas arriba* «se premia al revés: se desprecia la honestidad, se castiga el trabajo, se recompensa la falta de escrúpulos y se alimenta el canibalismo».

Se nos dice que para acabar con el hambre en el mundo hay que producir más alimentos y que es necesaria una agricultura transgénica. Pero hoy de comida no falta sino sobra. No tenemos un problema de producción, sino de acceso. Y la agricultura transgénica no democratiza el sistema alimentario; al contrario, privatiza las semillas, promueve la dependencia campesina, contamina la agricultura convencional y ecológica e impone sus intereses particulares al principio de precaución que debería de prevalecer.

La periodista Marie-Monique Robin, autora del documental *El mundo según Monsanto*, lo señala sin rodeos: estas empresas quieren «controlar la cadena alimentaria» y «los transgénicos son un medio para conseguir este objetivo». Premios como los concedidos a Monsanto y Syngenta son una farsa, ante la que solo hay una respuesta posible: la denuncia.

VI. ¿NOS ENFERMAN?

Adictos al «fast food»

¿Qué puede pasarte si durante un mes te alimentas a base de Big Macs, Cheese Burguers, batidos de fresa, McNuggets...? El resultado: once kilos de más, hígado hinchado, dolores de cabeza, depresión y colesterol por las nubes. Lo cuenta en carne propia el director Morgan Spurlock en la película *Super Size Me*, que retrata las consecuencias de desayunar, almorzar y cenar diariamente en McDonald's. Pero el problema del *fast food* no es solo que nos enferma, sino que nos convierte en adictos a su comida.

«Lo importante no es que vengas, es que vuelvas» reza el último anuncio de McDonald's. Nunca mejor dicho. La comida basura se convierte en imprescindible para aquellos que frecuentan sus establecimientos. Así lo constata la investigación llevada a cabo por The Scripps Research Institute (2010) y publicada en la revista *Nature Neuroscience*. Sus conclusiones: la ingesta de comida basura desarrolla los mismos mecanismos moleculares del cerebro que propician la adicción a las drogas, su consumo es especialmente adictivo. Tal vez tendríamos que sugerir a las Autoridades Sanitarias que advirtieran a los consumidores que comer en McDonald's, Kentucky Fried Chicken, Pizza Hut, Burguer King, Dunkin' Donuts... «puede perjudicar gravemente su salud».

Aunque no es necesario entrar en un establecimiento de comida rápida para consumir alimentos de baja calidad. La mayor parte de comida que compramos está elaborada con altas dosis de aditivos químicos de síntesis como colorantes, conservantes, antioxidantes, espesantes, estabilizantes, potenciadores del sabor, reguladores de acidez, almidones modificados, etc. que alteran el alimento en función de los intereses de la industria. De este modo, se consigue dar al producto un color más atractivo, la apariencia de recién hecho o un intenso sabor. El objetivo, vender más.

¿Qué consecuencias para la salud?

Sin embargo, ¿cuáles son las consecuencias para la salud? Varias investigaciones señalan el efecto que el consumo recurrente de algunos de estos aditivos puede tener en la aparición de enfermedades como alergias, hiperactividad infantil, problemas de sobrepeso..., que no han hecho sino aumentar en los últimos años. Lo aseguraba una investigación realizada en la Universidad de Southampton (2007), a petición de la Agencia de Estándares Alimentarios de Gran Bretaña y publicada en *The Lancet,* que demostraba el vínculo entre el consumo de determinados aditivos por parte de niñas y niños con el desarrollo de hiperactividad. La solución radica en sustituir dichos aditivos artificiales por otros de naturales, pero estos son más caros y la industria alimentaria los descarta.

La periodista francesa Marie-Monique Robin lo analizaba al detalle en su documental, el título del cual lo dice todo, *Nuestro veneno cotidiano*, donde investigaba el impacto en nuestro organismo de una agricultura adicta a los fitosanitarios y una industria alimentaria «enganchada» a los aditivos químicos. Sus efectos, según este trabajo, eran estremecedores: aumento de enfermedades como el cáncer, la esterilidad, los tumores cerebrales, el parkinson... El dinero manda. Sino ¿cómo es posible —como señala el film— que la industria agroalimentaria siga utilizando un edulcorante no calórico como es el aspartamo, en productos etiquetados como *light*, 0,0% o sin azúcar, cuando varios experimentos han demostrado que el consumo continuado de dicha sustancia puede resultar cancerígeno?

Somos lo que comemos

Algunos dirán que dichos informes e investigaciones son alarmistas y que todos los aditivos químicos aplicados en la Unión Europea son previamente evaluados por una autoridad independiente: la Agencia Europea de Seguridad Alimentaria (EFSA, por sus siglas en inglés). Una independencia y neutralidad puesta en cuestión por organizaciones internacionales como Corporate European Observatory y Earth Open Source que señalan los vínculos estrechos entre el EFSA y la industria biotecnológica y agroalimentaria, así como la dinámica de «puertas giratorias» entre ambos (Holland, Robinson y Harbinson, 2012). El conflicto de intereses entre quienes legislan y las empresas del sector es evidente. Algo que sin lugar a dudas, y por desgracia, no solo afecta a este ámbito sino a muchos otros.

Somos lo que comemos. Y si consumimos productos elaborados con altas dosis de pesticidas, fitosanitarios, transgénicos, edulcorantes, colorantes y sustancias que nos convierten en adictos a la comida basura y al *fast food*, esto acaba, tarde o temprano, teniendo consecuencias en nuestra salud. Tal vez ya va siendo hora de que le digamos a Ronald McDonald y a sus amigos: *I'm NOT lovin' it.*

De la comida basura a los alimentos «milagro»

Vivimos obsesionados por comer bien y nunca antes habíamos comido tan mal. Los estantes de los supermercados están repletos de patatas fritas, bebidas azucaradas, chocolates, congelados, conservas, bollería. Nos venden una gran variedad de comida desnaturalizada, procesada, con un «max mix» de aditivos varios, que tiene un impacto dañino en el organismo. Sin embargo, los mismos que con una mano comercializan dichos productos con la otra nos ofrecen alimentos funcionales, «milagrosos», para combatir precisamente los efectos perniciosos de este tipo de alimentación. El negocio está servido.

Enfermos y gordos

La «dieta occidental», como señala el periodista Michael Pollan (2009) en su bestseller *El detective en el supermercado*, es responsable de muchas de nuestras enfermedades. «Cuatro de las diez primeras causas de mortalidad hoy día son enfermedades crónicas cuya conexión con la dieta está comprobada: cardiopatía coronaria, diabetes, infarto y cáncer», afirma. Una «dieta occidental», con muchos alimentos procesados, mucha carne, mucha grasa y mucho azúcar añadido, que nos enferma y engorda. A principios del siglo XX, como señala Pollan, un grupo de médicos observó que donde la gente abandonaba su forma tradicional de comer y adoptaba la «dieta occidental», pronto aparecían enfermedades como la obesidad, la diabetes, los problemas cardiovasculares y el cáncer, que se bautizaron como «enfermedades occidentales».

El relator especial sobre el Derecho a la Alimentación de las Naciones Unidas Olivier de Schutter coincide en el diagnóstico: «Las dietas poco saludables son un riesgo mayor para la salud mundial que el tabaco». Y añade: «Los Gobiernos han puesto el foco en aumentar la cantidad de calorías disponibles, pero muy a menudo han sido indiferentes acerca de qué tipo de calorías ofrecen, a qué precio, para quién son accesibles y cómo se comercializan» (Oficina del relator especial sobre el Derecho a la Alimentación de las Naciones Unidas, 2014b). No en vano, según datos de la Organización Mundial de la Salud (OMS) (2014) la obesidad es responsable en todo el mundo de 3,4 millones de muertes al año.

Estados Unidos es el máximo exponente de esta deriva: un 75% de los estadounidenses tiene sobrepeso o son obesos, un 25% padece síndrome metabólico, con mayores probabilidades de sufrir enfermedades cardiovasculares o diabetes, y entre un 4% y un 8% de la población adulta tiene diabetes tipo 2 (Pollan, 2009). Los datos de la OMS (2014) ratifican esta tendencia a escala global: desde 1980, la obesidad se ha más que doblado en todo el mundo. Actualmente, 1.400 millones de adultos tienen sobrepeso, y de estos 500 millones son obesos.

En el Estado español, la tasa de obesidad infantil no ha hecho sino aumentar en los últimos años convirtiéndose en una de las más altas de Europa. Según el programa Perseo, del Ministerio de Sanidad y la Agencia Española de Seguridad Alimentaria (2005), se calcula que la obesidad afecta al 20% de los niños y al 15% de las niñas entre 6 y 10 años. En lo que se refiere a la población en general, las cifras son asimismo muy elevadas. El estudio Enrica, promovido por el Gobierno, señala que el 62% de la población tiene exceso de peso, y de esta el 39% padece sobrepeso y el 23% obesidad (Ministerio de Sanidad y Agencia Española de Seguridad Alimentaria, 2005).

Una situación que no ha hecho sino agudizarse con la crisis. Cada vez más personas con menos ingresos son empujadas a comprar productos baratos y menos nutritivos. *El libro blanco de la nutrición en España* así lo afirma: «En la actual situación de crisis económica las conductas de los consumidores también se han visto afectadas.

Seleccionan opciones más económicas tanto a la hora de decidir el lugar dónde comprar alimentos y bebidas, como el tipo, calidad y cantidad de productos» (Varela, 2013). Con la crisis, la dieta de quienes menos tienen se deteriora muy rápido. Se compra poco y barato y se come mal. Uno de los productos que más ha aumentado su consumo son los dulces envasados (galletas, chocolates, sucedáneos, bollería y pastelería), con un incremento del 3,8% entre 2012 y 2013 (Ministerio de Agricultura, Alimentación y Medio Ambiente, 2013b).

Los gordos, paradójicamente, y en general, son los que menos tienen y peor comen. Mirando el mapa de la península queda claro: las comunidades autónomas con mayores índices de pobreza, como Andalucía, Canarias, Castilla-La Mancha y Extremadura, concentran las cifras más elevadas de población con exceso de peso (Instituto Geográfico Nacional, 2006; Ministerio de Sanidad y Agencia Española de Seguridad Alimentaria, 2005). La posición de clase determina, en buena medida, qué comemos. La crisis no hace sino acentuar la diferencia entre comida para ricos y comida para pobres.

Doctor Jekyll y Mister Hyde

Sin embargo, los mismos que promueven una comida basura, de muy baja calidad, con un impacto negativo en nuestra salud, son quienes nos venden alimentos «milagrosos» para adelgazar, controlar el colesterol, reducir el estreñimiento, fortalecer el sistema inmunitario, mantener la densidad ósea. Al más puro estilo Doctor Jekyll y Mister Hyde es como actúan las grandes empresas de la industria alimentaria.

Panrico afirma vender pan, con «una miga como la del pan de siempre». Mis abuelos, creo, no opinarían lo mismo. Más allá de los cuestionables ingredientes y resultado de su pan, ofrece, también, Donuts Original, Donuts Bombón, Donettes, Donettes Rayados, Donettes Nevados, Bollycao Cacaco, Dip Dip, Palmera de Choco, la lista sigue. Pero como toda buena industria de la comida, si nos «pasamos» con tanta bollería, Panrico nos ayuda a combatir esos kilitos de más con su Panrico Línea, «para quien le gusta cuidarse sin renunciar a su delicioso sabor», como explica la empresa, o Panrico Integral, con alto contenido en fibras. Panrico tiene pan pa' todo.

Nutrexpa, por su parte, nos vende el Cola Cao Original, que de padres y madres a hijas e hijos y nietos y nietas, nos repite es «el desayuno y merienda ideal». Nutrexpa, siempre pensando en los más pequeños, vende también Nocilla, muy «natural» con «leche, caco, avellanas y azúcar», ¿recuerdan?, y Phoskitos, con adhesivos y artefactos varios, que ahora saca nueva línea, el tiempo pasa pero el Phoskito no, con Mini Phoskitos Hello Kitty y Phoskitos Bob Esponja. Su gama de productos no acaba aquí, e incluye galletas Cuétara, Chiquilín, Artiach, Filipinos. Aunque con tanto sobrepeso y obesidad infantil, su línea de galletas Fibra Línea o 0% azucares, así como el Cola Cao Cero o, aún mejor, el Cola Cao Cero con Fibra están aquí para echarnos una mano.

Danone es el rey. Vende un gran abanico de yogures de fresa, coco, plátano, macedonia, piña, limón. Aunque lo único que tienen de parecido a la fruta es el sabor y el color. En su gama de postres destacan, desde siempre, las natillas de vainilla y chocolate, que nos acompañaron de pequeños, y más recientemente las de oreo y choco blanko, para las nuevas generaciones. No sea que con el paso del tiempo se pierdan las costumbres... y se abandone la marca. Sorprendentemente, estos productos se clasifican en su web al margen de los que la empresa incluye en el apartado de «buenos hábitos». ¿Será que los otros no lo son? ¿Al webmaster le habrá traicionado el subconsciente? Es en esta sección de productos donde Danone despliega toda su teórica preocupación por el bienestar personal y ofrece desde yogures Activia, «la forma más deliciosa —como dicen— de ayudar a tu salud digestiva», pasando por los Actimel y «su exclusivo L-Casei, que incorpora las vitaminas B6 y D» hasta el Danacol Sin Lactosa que favorece, afirman, «una dieta sana y equilibrada que ayudará a reducir el colesterol». ¿Qué más podemos pedir?

«*Modus operandi*»

Su *modus operandi* no falla. Primero, la publicidad. Tanto para vendernos lo uno como lo otro. Aunque entre un Danone Fresa y un Danacol no haya tantas diferencias más allá del *marketing* nutricional. La inversión publicitaria no escatima recursos económicos. En 2005, la industria alimentaria de Estados Unidos gastó más de 50.000 millones de dólares en publicidad, más que ninguna otra industria del país. Coca-Cola, en concreto, desembolsó 2.200 millones de dólares, un total muy superior al conjunto del presupuesto de la Organización Mundial de la Salud (De Sebastián, 2009). Los pequeños a menudo son su público objetivo, los cuales pueden llegar a ver al menos en Gran Bretaña 5.000 anuncios de comida basura al año (The Food Comission, 2004). Como afirmaba el director de The Food Commission, organización británica dedicada a velar por una alimentación sana y segura, Tim Lobstein en un debate en la BBC inglesa: «Vivimos en un entorno que ha sido bautizado como 'obesogénico', lleno de estímulos que nos animan a comer, a hacer menos ejercicio y sobre todo a consumir. Se trata de un entorno gestionado comercialmente» (De Sebastián, 2009).

Segundo, la culpabilización. Somos culpables por comer mal, engordar, enfermar. Si engordas, dicen, es que no tienes fuerza de voluntad. Tienes que sacrificarte, afirman. Nos venden el paradigma de la perfecta mujer y del perfecto hombre, como si fuera tan fácil caber en un talla 38. En definitiva, la culpa es nuestra. Mientras, esconden las causas estructurales de tanta gordura y enfermedad. Aún recuerdo a mi antiguo jefe como, a veces, para desayunar pedía en el bar un chucho de crema, «rebozado» con azúcar blanco, y un café con leche, eso sí, con sacarina. Nos hartamos de comer mal, para luego sacrificarnos y comer, supuestamente, bien. Todo un negocio, el de culpabilizar al estómago.

Tercero, el producto «milagro» y el experto. Los mismos que nos venden comida de mala calidad, nos dan lecciones de nutrición y ofrecen alimentos funcionales, que contienen componentes que —aseguran— benefician la salud: leches enriquecidas con ácidos grasos omega-3, ácido fólico, fósforo y cinc; yogures con calcio, vitaminas A y D; cereales fortificados con fibra y minerales; zumos con vitaminas. Aunque tanto producto de qué serviría sin un «buen» experto u organización «especializada» que lo avalara. La Fundación Española del Corazón es una habitual en prestar su imagen para respaldar dichos productos, lo que le ha valido importantes críticas por parte de la comunidad científica. Entre sus «apadrinados» se encuentra la margarina Flora Original con Omega-3 y 6 de Unilever, el Danacol con leche fermentada y esteroles vegetales añadidos de Danone, el suplemento MegaRed con Omega-3, el Agua de Firgas con bajo contenido en sodio y alta concentración de calcio y magnesio. Pero, ¿cuánto dinero habrá recibido la Fundación Española del Corazón por sus «servicios»? Eso, no se sabe. En todo caso, una empresa de la industria alimentaria que coloque a un «experto» en su vida, parece que ganará credibilidad, sea cierto o no lo que cuente, y aumentará las ventas.

Comer bien

Visto lo visto, ¿qué podemos hacer para comer bien? Como decía Michael Pollan (2009) se trata de «comer comida», lo que no es tan sencillo como parece. «Antes lo único que se podía comer era comida, hoy encontramos en el supermercado miles de otras sustancias comestibles parecidas a la comida» sentencia. Y añade: «Si le preocupa la salud, quizá debería evitar los productos de los que se hacen afirmaciones de propiedades saludables. ¿Por qué? Porque este tipo de afirmaciones sobre un producto alimenticio hacen suponer que no se trata realmente de comida». Un sinsentido: se desnaturalizan los alimentos, para luego vendernos otros artificialmente naturales, que nos dicen son mejores.

La industria alimentaria y su publicidad han estigmatizado la comida de siempre. Nos han hecho creer que comer fruta, verdura, legumbres y cereales es cosa de pobres. ¿Qué sentido tiene exprimir unas naranjas, si podemos tomar un Bifrutas Mediterráneo Pascual, no solo con naranja sino con melocotón, zanahoria, leche y con 0% de materia grasa y vitaminas A, C, E? ¿Por qué perder el tiempo en pelar patatas, zanahorias y cebolla para una crema, cuando puedo comprar un Sopinstant de verduras Gallina Blanca ya preparado y, como dicen, «bajo en grasa, con menos sal y sin conservantes»? Parece que la comida de siempre ya no tienen *glamour*.

Sin embargo, comer bien implica comer natural. Y aunque algunos digan que los alimentos naturales son un timo, lo que sí es un timo es cuando la industria, a través de tanto alimento funcional y «milagroso», nos quiere vender gato por liebre. Como dice Michael Pollan (2009), «no coma nada que su bisabuela no reconocería como comida».

¿Sabemos qué comemos?

Si antes nos vendían gato por liebre, ahora nos venden caballo por vaca. Saber qué comemos se ha convertido en algo cada día más difícil. Así lo vimos con el escándalo alimentario de principios del 2013, tras descubrirse carne de caballo donde supuestamente solo había carne de vaca. Canelones La Cocinera, hamburguesas de Eroski, ravioli y tortellini de carne Buitoni, albóndigas de Ikea fueron algunos de los productos retirados del mercado. Es obvio que no tenemos ni idea de qué nos llevamos a la boca.

Carne de caballo por carne de vaca

Irlanda y Gran Bretaña fueron los primeros países donde se detectó, en enero de 2013, ADN de caballo en hamburguesas etiquetadas, en teoría, como carne de vacuno. Supermercados como Tesco, Lidl y Aldi, e incluso el rey de la hamburguesa Burguer King, se vieron obligados a retirar estos productos de sus establecimientos. Mientras, aquí, el Gobierno negaba la existencia de caso alguno. Semanas más tarde, la Organización de Consumidores y Usuarios encontraba carne de caballo en hamburguesas de Eroski y AhorraMás.

La globalización alimentaria, la deslocalización de la agricultura y los alimentos viajeros tienen estas cosas. Tarde o temprano las consecuencias de dichos escándalos llegan también a la mesa de casa. El Ministerio de Agricultura, Alimentación y Medio Ambiente tuvo que reconocer al final la existencia de carne de equino en productos que se vendían como ternera. Y multinacionales como Nestlé, entre otras, se vieron obligadas a proceder a la retirada de sus alimentos afectados.

A pesar de que la sustitución de una carne por la otra no es perjudicial para la salud, sí que dicho caso volvió a encender las luces de alarma sobre qué comemos y quién mueve los hilos del sistema alimentario. Una vez más, quedaba demostrado cómo los intereses económicos de un puñado de empresas se anteponen a las necesidades alimentarias de la mayoría. De este modo, si producir carne de caballo resulta más barato, carne de caballo es lo que toca en el plato.

Una hamburguesa globalizada

Además, descubrir dónde empezó dicho fraude se convirtió en misión imposible en una cadena agroalimentaria profundamente globalizada. Una hamburguesa puede estar hecha por carne de 10.000 vacas y pasar por cinco países diferentes antes de llegar al supermercado. ¿Dónde se ha colado el caballo? Irlanda inicialmente acusó al Estado español, luego a Polonia. Cuando el caso estalló en

Francia, la culpable era una fábrica en Luxemburgo que a su vez señaló que la carne provenía de Rumanía, quien al mismo tiempo dijo que la mercancía le llegaba de Holanda y Chipre. Ni modo de saber la respuesta.

La historia se repite. Cada vez que aparece un nuevo escándalo asistimos al mismo goteó de acusaciones cruzadas, alarma social, imposibilidad de saber su origen y toneladas de comida en la basura. Pasó con la E.Coli y los pepinos y mucho antes con los pollos con dioxinas, las vacas locas, la peste porcina y un largo etcétera. Y volverá a pasar.

¿Quién garantiza nuestra seguridad alimentaria?

Nos dicen que nuestra alimentación nunca ha sido tan segura como ahora, que los alimentos no han pasado tantos controles como hasta el momento. Sin embargo, periódicamente aparecen nuevos escándalos alimentarios. La Agencia Europea de Seguridad Alimentaria es la encargada de velar, en principio, para que aquello que comemos sea saludable. Pero, ¿quién hay detrás de esta agencia que tiene un papel clave en la autorización de miles de productos, como pesticidas, transgénicos y aditivos alimentarios, que acaban en la mesa?

La Agencia Europea de Seguridad Alimentaria se presenta, como recoge en su página web, como «la piedra angular de la Unión Europea en la evaluación del riesgo sobre seguridad alimentaria». La Agencia fue creada en 2002, después de una serie de escándalos, como el de las vacas locas, a finales de los años noventa. Su objetivo: mejorar la seguridad alimentaria y restaurar y mantener la confianza en el suministro de alimentos. Según indica, su compromiso es el «de proporcionar asesoramiento científico independiente y objetivo». ¿Seguro?

Conflicto de intereses

El Tribunal Europeo de Auditores parece no estar muy de acuerdo con dichas afirmaciones, como se desprende de su informe sobre el conflicto de intereses en determinadas agencias de la Unión, y en el que afirma que la Agencia Europea de Seguridad Alimentaria, junto a otras tres agencias europeas auditadas, «no maneja adecuadamente las situaciones de conflicto de intereses». Y añade que estos «riesgos de conflicto de intereses están incrustados en las estructuras de estas agencias [...] y en la dependencia de la investigación realizada por la industria» (European Court of Auditors, 2012). Más claro el agua.

A modo de anécdota, las conclusiones del informe del Tribunal Europeo de Auditores contrastaban con las alabanzas de una evaluación, que poco tiempo antes, había realizado la auditoría privada Ernst&Young, contratada, evidentemente, por la misma Agencia Europea de Seguridad Alimentaria.

Las críticas a la falta de neutralidad de la Agencia no son nuevas. Las organizaciones Corporate European Observatory y Earth Open Source publicaron en febrero de 2012, coincidiendo con el décimo aniversario de la institución, un informe que levantó ampollas. En dicho trabajo cuestionaban la independencia de la Agencia y señalaban los vínculos estrechos de sus expertos con las empresas del sector (Holland, Robinson y Harbinson, 2012).

Y, ¿qué consecuencias tiene esto para los consumidores? Un ejemplo lo encontramos en la regulación de los productos alimentarios. Cuando una compañía quiere introducir una nueva sustancia o producto en el mercado, tiene que presentar a la Agencia Europea de Seguridad Alimentaria y a las instituciones correspondientes de la Unión Europea un dossier sobre la valoración del riesgo de dichos productos. A petición de la Comisión, el panel científico de la Agencia examina este dossier y publica una opinión científica al respecto, a partir de la cual los representantes de los estados miembros toman una decisión. ¿Cuál es el problema? La Agencia basa sus evaluaciones principalmente en estudios llevados a cabo por la misma industria, quien espera sacar jugosos beneficios con la comercialización de dichos productos. Los informes científicos independientes no son tenidos en cuenta. En consecuencia, el mecanismo favorece sin lugar a dudas los intereses de las grandes compañías del sector en detrimento de los sociales.

De este modo, sustancias y productos que encontramos en el mercado, como el aspartamo, un edulcorante no calórico, o el bisfenol A (BPA), en el plástico del embalaje alimentario, según informes científicos independientes afectarían de forma negativa a la salud. Estos estudios nunca han sido debidamente valorados por la Agencia Europea de Seguridad Alimentaria. La situación no es nueva. Cuántos informes alabando las virtudes del tabaco financió la industria tabacalera y en la actualidad han quedado en papel mojado.

Puertas giratorias

Más allá del peso de la industria, está la dinámica de «puertas giratorias». Altos cargos y expertos de la Agencia Europea de Seguridad Alimentaria que al cabo de un tiempo entran a trabajar en empresas de la agroindustria o la biotecnología y viceversa, dando lugar a un situación evidente, excepto parece para ellos, de conflicto de intereses. Los ejemplos son múltiples. Suzy Renckens, coordinadora científica del panel sobre transgénicos de la Agencia, en 2008 dejó su puesto para ocupar el cargo de directora del lobby de Syngenta para la Unión Europea. David Carlander, empleado de la Agencia y encargado de diseñar las directrices para el uso de nanotecnología en alimentos, en 2011 pasó a ser el director del grupo de presión de la Nanotechnology Industries Association en Bruselas. O Laura Smillie, contratada en 2010 por la Agencia para desarrollar nuevas líneas de comunicación sobre riesgos alimentarios y que procedía del European Food Information Council (EUFIC), *think tank* financiado por empresas de la industria agroalimentaria como Coca-Cola, Danone, Kraft Foods, McDonald's, Nestlé, y Unilever (Holland, Robinson y Harbinson, 2012).

Aquí, la Agencia Española de Seguridad Alimentaria y Nutrición parece seguir el ejemplo de su «hermana mayor». Solo hace falta ver el currículum de su actual directora Ángela López de Sá Fernández, anteriormente directora de asuntos científicos y normativos de Coca-Cola Iberia, y que para ocupar su nuevo cargo al frente de la Agencia Española pidió la excedencia de Coca-Cola. Una pata en cada sitio. Sobran los comentarios.

A partir de ahora, cuando nos digan que no nos preocupemos, que nuestra seguridad alimentaria está en buenas manos, preguntaremos ¿en buenas manos para quién? Porque, visto lo visto, buenas manos para nosotros, la mayoría, está claro que no lo son.

TTIP, salud y alimentación en peligro

Nos quieren pobres, mal alimentados y enfermos. El Tratado Transatlántico de Comercio e Inversiones entre Estados Unidos y la Unión Europea, el TTIP por sus siglas en inglés, es uno de los mejores instrumentos para conseguir que dichos deseos se conviertan en realidad. Aún se está negociando, sobre todo entre bambalinas, pero de aprobarse significará uno de los mayores retrocesos en los estándares de seguridad alimentaria en Europa. Ahora está por ver el impacto de la victoria de Donald Trump en las elecciones presidenciales al otro lado del Atlántico, quien se ha mostrado crítico con el tratado, pero fiel servidor del capital norteamericano. Mientras, como vampiros a la sangre, las multinacionales esperan sacar tajada, y mucha, de estas nuevas medidas de liberalización comercial.

Al igual que Fausto vendió su alma al diablo, la Comisión Europea quiere vender con este nuevo acuerdo los derechos de los ciudadanos europeos a las grandes empresas estadounidenses. El TTIP no es un tratado de libre comercio al uso, no consiste ya en eliminar aranceles, imposible casi liberalizar aún más ambas economías. Se trata de acabar con normativas y legislaciones que garantizan derechos pero que limitan las opciones de negocio de las grandes empresas, ya sea en materia financiera, sanitaria, educativa, cultural, agrícola, laboral o alimentaria. Las gentes de Estados Unidos también saldrán perdiendo con el visto bueno a este tratado.

Para conseguir sus objetivos todo vale: negociaciones secretas, poner fin a las soberanías nacionales, reducir los derechos de la ciudadanía. Su meta consiste en convertir cada ámbito de nuestra vida cotidiana en objeto de lucro. Nos dicen que «armonizarán» las legislaciones de ambos mercados, que así tendremos mayor oferta y servicios más baratos, pero es mentira. En realidad, su política implica igualar a la baja las legislaciones de ambos territorios para aumentar el negocio de las multinacionales.

Sin embargo, la ofensiva para mercantilizar aún más nuestros derechos ya ha empezado. La aprobación del tratado de libre comercio entre la Unión y Canadá, el conocido como CETA, por parte del Parlamento Europeo en febrero del 2017, después de siete años de sombrías negociaciones, allana el camino al TTIP. Ambos acuerdos comparten un mismo ADN, y la aprobación del primero permite empezar a aplicar muchas de las políticas que prevé el segundo.

Más negocio

¿Qué pasará con la comida? Más transgénicos, carne con hormonas, pollo con lejía y antibióticos en el plato gracias a la disminución de los controles y los niveles de seguridad alimentaria. De este modo, las empresas del agronegocio saldrán ganando, nuestra salud y alimentación perdiendo. Son ellas precisamente las que más están presionando en defensa del TTIP (industria semillera, de pienso, biotecnológica, de bebidas, ganadera, de comida...) por delante incluso del lobby farmacéutico, automovilístico y financiero. Mucho está en juego para multinacionales como Nestlé, Monsanto, Kraft Foods, Coca Cola, Unilever, Bacardi-Martine, Cargill, entre otras. De los 560 encuentros consultivos de la Comisión Europea para la aprobación de dicho Tratado, el 92% se han realizado con grupos empresariales, el resto con colectivos de interés público, informa Corporate European Observatory (2014).

En la Unión Europea y Estados Unidos el enfoque sobre los estándares alimentarios es diametralmente opuesto. Mientras que en Europa prevalece el principio de precaución y es la empresa quien tiene que demostrar a partir de estudios científicos, no siempre independientes y a veces de dudosa credibilidad, que el producto que comercializan no es dañino para la salud, en Estados Unidos es justo lo contrario y es el gobierno quien debe probar el impacto negativo de un plaguicida o un producto o aditivo alimentario en caso de querer vetarlo. El TTIP quiere situar la responsabilidad, igual que en Estados Unidos, en el gobierno y en la sociedad, abriendo de par en par las puertas al mercado a costa del bienestar colectivo.

Obligados a cultivar transgénicos

Así multinacionales como Monsanto buscan que la Unión se convierta en un nuevo «paraíso de los transgénicos», siguiendo la estela norteamericana, con los enormes beneficios económicos que esto conlleva para el sector. Si ahora en Europa, gracias a la presión ciudadana, tan solo se permite el cultivo de un transgénico con fines comerciales: el maíz MON810 de Monsanto, el 80% del cual se produce en Aragón y Catalunya (ISAAA, 2010) y se prohíbe en la mayor parte de los países europeos, con el TTIP, y emulando a Estados Unidos, donde se permite producir hasta 150 variedades distintas de transgénicos, desde de maíz, soja, algodón..., se busca la generalización de dichos cultivos.

De aprobarse el TTIP, países que ahora se oponen a cultivarlos, como Francia, Alemania, Austria, Grecia, Irlanda, Polonia, Italia, debido a sus efectos negativos en el medio ambiente (al ser imposible su coexistencia con los cultivos convencionales y ecológicos ya que contaminan a estos últimos), se verían incluso obligados a aceptarlos. De no hacerlo, podrían ser denunciados por las mismas empresas por atentar contra sus intereses económicos. Increíble pero cierto.

Además, la legislación estadounidense es mucho más permisiva que la europea tanto en el cultivo como en la comercialización de Organismos Modificados Genéticamente. En Estados Unidos, por ejemplo, el etiquetaje que identifica un alimento como transgénico es inexistente, a diferencia de Europa, donde a pesar de las limitaciones, las leyes sí que obligan teóricamente a dicha identificación. Acabar con esta política sería otro objetivo de las grandes empresas del sector.

Cerdo, vaca y leche con hormonas

El uso de hormonas para aumentar la producción lechera y de carne, ahora prohibido en la Unión, se generalizaría. De hecho, en Estados Unidos el uso de hormonas en la ganadería es habitual, como indica el informe de VSF Justicia Alimentaria Global *TTIPex. Borrando derechos* (2015). Se calcula que el 80% del ganado vacuno y porcino destinado al consumo de carne es tratado con hormonas de crecimiento, como la ractopamina, un fármaco usado como aditivo alimentario para conseguir un mayor engorde del animal. Mientras, al 20% de las vacas lecheras se les suministra somatotropina bovina, con el objetivo de aumentar su productividad, y conseguir entre un 10% y un 20% más de leche, y el consiguiente beneficio económico. Por cierto, la empresa estadounidense Monsanto, la número uno de las semillas transgénicas, es la única del mercado que comercializa dicha hormona, con el nombre comercial de Posilac. Menuda coincidencia.

Pero, ¿cuál es su impacto en la salud de los animales y en la nuestra? Varios son los efectos secundarios asociados al manejo en ganado (esterilidad, inflamación de las ubres, aumento de la hormona del crecimiento...). En relación a sus consecuencias en humanos, algunos estudios lo vinculan a un incremento del riesgo de padecer cáncer de mama o de próstata y al crecimiento de las células cancerosas (Kingsnorth, 1998; Chan et al., 2002). De aquí que en la Unión Europea la utilización de dichas hormonas y la importación de animales tratados con ellas esté prohibida, al igual que en otros 156 países como Canadá, China, Rusia, India, Turquía, Egipto..., al considerar que no hay datos suficientes que permitan descartar riesgos para la salud humana.

Más antibióticos para animales sanos que para personas enfermas

El uso de antibióticos suministrados a animales iría en aumento. De hecho, la OMS (2012) ya constata esta dinámica a escala global al señalar que actualmente en el mundo se suministran más antibióticos a animales sanos que a personas enfermas. ¿Por qué? Estos fármacos se aplican tanto con fines terapéuticos como preventivos (las malas condiciones en las que se encuentran hacinados los animales facilita que enfermen) y como promotores de su crecimiento (comiendo menos crecen más).

En Estados Unidos se trata de una práctica habitual y se usan de forma rutinaria. Según la Agencia de Alimentos y Medicamentos estadounidense, FDA por sus siglas en inglés, el 80% de los antibióticos suministrados en el país se destinan a la ganadería y solo el 20% a personas (Walsh, 2014). En cambio, en Europa el uso de antibióticos como promotores de crecimiento y la comercialización de leche, huevo, queso o carne procedente de animales tratados con estos están prohibidos desde el año 2006. Levantar dicho veto implicaría un negocio masivo para la industria ganadera.

Pollos blanqueados

El pollo desinfectado con lejía (cloro), si se aprobase el TTIP, sería habitual en nuestra mesa. Si en Europa se utiliza un método de control de enfermedades de las aves desde la cría pasando por su desarrollo y sacrificio hasta su comercialización, con carácter preventivo, en Estados Unidos han optado por rebajar costes disminuyendo los estándares de seguridad alimentaria. De este modo, las aves criadas y sacrificadas son desinfectadas únicamente al final de la cadena, se las «lava» o «pulveriza» con una disolución química antimicrobiana generalmente a base de cloro, lejía. Los pollos quedan «limpios», sin bacterias, bien blanqueados. Se trata de un método mucho más barato. Todo por la pasta.

Europa en 1997 prohibió la entrada de carne de aves de corral estadounidense debido precisamente a estos tratamientos, y a los residuos de cloro u otras sustancias químicas empleadas para su desinfección que podían permanecer en la carne que después llegaba al consumidor. La industria ganadera norteamericana afirma que estos tratamientos permiten eliminar los microorganismos patógenos, aun así las infecciones no disminuyen significativamente e incluso el uso continuado de desinfectantes puede acabar generando resistencias. De aplicarse el TTIP y levantar la prohibición, las ganancias para las empresas avícolas de Estados Unidos serían millonarias.

La lista de impactos negativos en la salud y en el plato podría continuar: mayor flexibilidad en el uso de pesticidas e insecticidas en el campo, más alimentos irradiados, poca comida local, menos información en el etiquetaje de los alimentos. La seguridad alimentaria saldría perdiendo, por no decir la soberanía alimentaria desaparecida en combate.

Nos dicen que los estándares norteamericanos son de lo más seguros. No apuntan en la misma dirección algunos informes que constatan que 76 millones de personas al año en Estados Unidos enferman por dolencias provocadas por el consumo de alimentos. De estas, 325.000 son hospitalizadas y 5.000 mueren (Trust for America's Health, 2008). Los expertos indican que la mayoría de casos podría evitarse con mejoras en el sistema de control alimentario.

Un apunte final: con el TTIP no solo gana la industria agroalimentaria (empresas de semillas, de plaguicidas, ganaderas, etc.) sino la industria farmacéutica que viene detrás.

VII. DE ANIMALES Y PESCADOS

¿Podemos seguir comiendo tanta carne?

La carne se ha convertido en indispensable en nuestras comidas. Parece que no podamos vivir sin ella. Si hasta hace pocos años su consumo era un privilegio, una comida de fechas señaladas, hoy se ha convertido en un acto cotidiano. Quizás, incluso, demasiado cotidiano. ¿Necesitamos comer tanta carne? ¿Qué impacto tiene en el medio ambiente? ¿Qué consecuencias para el bienestar animal? ¿Para los derechos de los trabajadores? ¿Y para nuestra salud?

El consumo de carne se asocia a progreso y modernidad. En el Estado español entre 1965 y 1991 su ingesta se multiplicó por cuatro, especialmente la de carne de cerdo (Mili, Mahlau y Furitsch, 1998). En los últimos años, sin embargo, el consumo en los países industrializados se ha estancado o incluso ha disminuido, debido, entre otros, a los escándalos alimentarios (vacas locas, gripe aviar, pollos con dioxina, carne de caballo en lugar de carne de vaca, etc.) y a una mayor preocupación sobre lo que comemos. De todos modos, hay que recordar que también aquí, y más en un contexto de crisis, amplios sectores no pueden optar a alimentos frescos ni de calidad o a escoger entre dietas con o sin carne.

La tendencia en los países emergentes, como Brasil, Rusia, India, China y Sudáfrica, los llamados BRICS, en cambio, es la contraria y su consumo va en aumento. Estos concentran el 40% de la población mundial y entre 2003 y 2012 su ingesta de carne aumentó un 6,3%, y se espera que entre 2013 y 2022 crezca un 2,5%. El caso más espectacular es el de China, que ha pasado en algunos años, de

1963 a 2009, de consumir 90 kilocalorías de carne por persona al día a 694 (Chemnitz y Becheva, 2014). ¿Los motivos? El aumento de la población en estos países, su urbanización y la imitación de un estilo de vida occidental por parte de una amplia clase media. Hasta el punto que definirse como «no vegetariano» en la India, un país vegetariano por antonomasia, se ha convertido, entre algunos sectores, en un estatus social.

La revolución ganadera

La industria ganadera se ha convertido, de este modo, en una pieza clave del actual sistema agroalimentario, con una apuesta clara por un modelo industrial e intensivo que ha recibido el nombre de «revolución ganadera» (Delgado et al., 1999). Este sistema ha significado un incremento exponencial de la producción y el consumo de carne y derivados, siguiendo el mismo patrón productivista que la revolución verde (uso intensivo del suelo, insumos químicos, «mejora» genética, etc.), a la vez que ha modificado de raíz nuestra dieta alimentaria. Un modelo que ha promovido la concentración empresarial, dejando en manos de un puñado de multinacionales la capacidad de decidir sobre qué carne y derivados consumimos, cuántos, y cómo se elaboran.

Pero si la revolución verde prometió acabar con el hambre en el mundo y no lo consiguió, el alza en la producción de carne tampoco ha significado una mejora en la dieta alimentaria. Al contrario, el aumento del consumo de carne ha generado mayores problemas de salud y su lógica productivista ha tenido un impacto muy negativo en el medio ambiente, el campesinado, los derechos de los animales y las condiciones laborales. Aumentar la producción no implica un mayor acceso a aquello que se produce, como bien ha demostrado el fracaso de la revolución verde y posteriormente la revolución ganadera.

Un consumo caro para el planeta

El incremento de la ingesta de carne además no resulta gratuito sino que sale muy caro, tanto en términos medioambientales como sociales. Si para satisfacer la actual demanda de carne, huevos y derivados lácteos en todo el mundo se necesitan cada año más de 60.000 millones de animales de granja, engordarlos sale carísimo.

De hecho, la cría industrial de animales genera hambre, ya que un tercio de las tierras de cultivo y un 40% de la producción de cereales en el mundo se destina a alimentarlos, en lugar de dar de comer directamente a las personas. Y no todo el mundo puede permitirse pagar un trozo de carne de la agroindustria. 3.500 millones de personas, la mitad de los habitantes del planeta, podrían nutrirse con lo que consumen estos animales (Grupo ETC, 2011).

La ganadería es la principal utilitaria de tierra agrícola, ya sea por vía directa mediante el pastoreo o indirecta por el consumo de piensos y forraje (Bruinsma, 2003). Ambos usos son resultado, muy a menudo, de la deforestación de bosques vírgenes y selvas tropicales con la consiguiente degradación del suelo y los recursos hídricos. Miles de campesinos, debido a estas prácticas, han sido expulsados de sus tierras, ahora destinadas a monocultivos de cereales para la alimentación animal. La ganadería campesina, diversificada, local y familiar está siendo sustituida por un modelo intensivo, monoganadero, corporativo y exportador, frente al cual los primeros no pueden competir.

Además, vacas, cerdos y gallinas, en este modelo ganadero, son de los principales generadores de cambio climático. ¡Quién lo diría! Se calcula que la ganadería y sus subproductos generan el 51% de las emisiones globales de gases de efecto invernadero (Goodland y Anhang, 2009). Incluso, una vaca y su ternero en una granja de carne emiten más emisiones que un coche con 13.000 kilómetros a sus espaldas (Steinfeld et al., 2006). Nosotros, al comer carne somos corresponsables.

El uso intensivo y la contaminación del agua es otra de las consecuencias derivadas de esta revolución ganadera. La agricultura y la ganadería consumen entre un 70% y un 80% del total del agua dulce disponible.[1] Según el filósofo y ecologista Jorge Riechmann (2003), producir un kilo de proteína animal en la industria ganadera requiere 40 veces más agua que la producción de un kilo de proteína de cereales o 200 veces más que un kilo de patatas. Como bien señala: «En un mundo finito donde la escasez de agua dulce se ha convertido en un factor limitante esencial, ¿da igual consumo uno

1. Según datos del 2º Foro Mundial del Agua (La Haya, 2000).

que consumo 40?». Y es que no es lo mismo plantar espinacas, nos recuerda el autor, que pienso para las vacas. La misma cantidad de tierra producirá 26 veces más proteínas para consumo humano si cultivamos espinacas en vez de pienso para forraje.

Salud amenazada

A pesar de que la revolución ganadera dijo «mejorar» las razas de ganado, eso sí, respondiendo a los intereses del mercado y promocionando aquellas más productivas, resistentes a enfermedades, de fácil adaptación al medio, etc. Todo esto no significó un enriquecimiento de lo que comemos. De hecho, la variedad de razas animales, así como de especies vegetales, se ha reducido drásticamente en los últimos años. Se estima que un 30% de las razas de animales domésticos están en peligro de extinción, lo que significa la desaparición de tres razas domésticas cada dos semanas (Veterinarios Sin Fronteras, 2007). Nuestra alimentación diaria depende de menos variedades animales y vegetales, lo que implica una mayor inseguridad alimentaria.

Otra de las consecuencias en la salud humana es el impacto de los desechos animales y los antibióticos, las hormonas, los productos químicos aplicados en la ganadería industrial, y que afectan de pleno a las comunidades. «Los gases que emite una granja porcina a escala industrial son muy tóxicos. Hay muchos gases volátiles mezclados con polvo, bacterias, antibióticos que forman una mezcla muy compleja de más de 300 o 400 sustancias a las que están expuestos vecinos, familias y niños», afirmaba David Wallinga del Institute for Agriculture and Trade Policy, en el documental *Pig Business* de Tracy Worcester, con el consiguiente aumento de enfermedades de distinta índole entre quienes habitan cerca de estas instalaciones.

El suministro preventivo de medicinas a los animales para que puedan sobrevivir en pésimas condiciones de estabulación hasta el matadero y para obtener un engorde más rápido, y con menos coste para la empresa, lleva asimismo a que se desarrollen bacterias resistentes a estos fármacos. Unas bacterias que fácilmente pueden pasar a las personas a través, entre otros, de la cadena alimentaria. Actualmente, según datos de la OMS (2012), se suministran más antibióticos a animales sanos que a personas enfermas. En China, por ejemplo, se estima que más de 100.000 toneladas de antibióticos al año se dan a los animales, la mayoría sin ningún tipo de control; y en Estados Unidos, el 80% de los antibióticos que se suministran van a parar al ganado (Chemnitz y Becheva, 2014). Y eso no es todo, la propia FAO reconoce que en los últimos quince años, el 75% de las enfermedades humanas epidémicas tienen su origen en los animales, como la gripe aviar o la gripe porcina, resultado de un modelo ganadero insalubre.

Derechos de los animales

El maltrato es la cara más cruenta de este modelo ganadero, donde los animales ya no son considerados seres vivos sino materia prima industrial. Las granjas, de este modo, dejan de ser granjas para convertirse en fábricas de producción de carne o modelos de «ganadería no ligada a la tierra», como se las denomina en el sector. La misma lógica capitalista y productivista que rige otros sistemas impera en el modelo ganadero, pero en este caso las mercancías son animales. Tom Garrett del Welfare Institute en el documental *Pig Business* afirma que «se aplican sistemas industriales diseñados para fabricar coches y máquinas a la cría de animales. Es algo increíblemente cruel que ninguna sociedad civilizada debería tolerar». La práctica productivista convierte a los animales en enfermos crónicos. Instalaciones que impiden su movimiento, mala alimentación, hacinamiento y estrés son solo algunas muestras del maltrato animal.

Un fragmento del documental *Samsara* de Ron Fricke y Mark Magidson, sin escenas de violencia explícita, muestra la brutalidad oculta, extrema, de las granjas de producción de carne, leche..., donde los animales malviven y los trabajadores los descuartizan, golpean, destripan como si fueran objetos. Un modelo productivo que tiene sus orígenes en los mataderos de Chicago, a principios del siglo XX, donde la producción en línea permitía, en solo 15 minutos, matar y trocear una vaca. Un método tan «eficiente» que Henry Ford lo adoptaría para la fabricación de automóviles. Para el capital, no hay diferencia entre un coche y un ser con vida. ¿Y para nosotros? La distancia entre el campo y el plato se ha alargado tanto en los últimos años que como consumidores ya no somos conscientes muchas veces que tras un embutido, una lasaña o unos espaguetis a la carbonara había vida.

Smithfield Foods, el mayor productor de carne

La revolución ganadera ha implicado un creciente monopolio e integración vertical del sector, donde unas pocas empresas controlan todo el proceso de producción de carne, desde la crianza al matadero y envasado. La multinacional estadounidense Smithfield Foods es el mayor productor y procesador mundial de carne de cerdo con unos ingresos de 11.000 millones de dólares anuales, 48.000 personas contratadas y con presencia en 15 países (Smithfield Food, 2010). Y es que para evitar regulaciones laborales y medioambientales estrictas, Smithfield Foods ha trasladado parte importante de sus operaciones a otros países con legislaciones más laxas.

Entre 1990 y 2005, su crecimiento fue del 1.000%, aumentando su control sobre cada eslabón de la cadena productiva y haciéndose con nuevos mercados, a costa de acabar con pequeños ganaderos. Smithfield Foods es conocida por las numerosas acusaciones y denuncias que ha recibido por contaminación ambiental. La más importante en 2009, cuando Granjas Carroll, una de sus empresas subsidiarias en México, fue acusada de ser el epicentro del brote de gripe porcina, gripe A, que asoló el país y se propagó globalmente (Hernández Navarro, 2010).

La vulneración de los derechos laborales es otra de sus prácticas habituales. Alto número de accidentes en el trabajo, despidos, abusos verbales... son algunos de los casos recogidos en el informe *Empaquetado con abuso*, elaborado por el sindicato United Food and Commercial Workers Union (UFCW), que analizaba las condiciones de seguridad laboral en el matadero y planta de empaquetado de Smithfield Foods en Tar Hell, Carolina del Norte, el más grande del mundo, con 5.500 empleados. Matadero, donde la UFCW intentó durante más de una década organizar a sus trabajadores, con la oposición frontal de la empresa, y que finalmente consiguió con la celebración de unas elecciones sindicales a finales de 2010 (Research Associates of America, 2007).

Trabajo precario

Las condiciones laborales de quienes trabajan en estas granjas dejan mucho que desear. Según un informe de Human Rights Watch (2004), trabajar en la industria cárnica es el empleo fabril más peligroso en EEUU. Dicho informe señalaba el abuso sistemático de derechos de la mano de obra inmigrante sin papeles, la intimidación, la falta de indemnizaciones, las represalias y las amenazas de despido contra quienes denuncian abusos.

De hecho, entre los animales que se sacrifican y los empleados que trabajan hay más puntos en común de lo que estos últimos llegan a imaginar. Upton Sinclair (2012 [1906]) en su brillante obra *La jungla*, donde retrataba la precaria vida de los trabajadores de los mataderos de Chicago en los primeros años del siglo pasado, lo dejaba claro: «Allí se sacrificaban hombres igual que se sacrificaba ganado: cortaban sus cuerpos y sus almas a trozos y los convertían en dólares y céntimos».

Hoy, muchos mataderos contratan en condiciones precarias a personas inmigrantes, mexicanos en Estados Unidos, como retrataba la excelente película de Richard Linklater *Fast Food Nation*, o de Europa del Este en los países del centro de la Unión. La obra de Sinclair sigue, cien años después, estando de plena actualidad.

¿Quién gana con este modelo? Obviamente nosotros no, aunque nos quieran hacer creer lo contrario. Unas pocas multinacionales controlan el mercado: Smithfield Foods, JBS, Cargill, Tyson Foods, BRF, Vion. Y obtienen importantes beneficios con un sistema que contamina el medio ambiente, genera cambio climático, explota a los trabajadores, maltrata a los animales y nos pone enfermos.

Una pregunta se impone: ¿podemos seguir comiendo tanta carne?

Del Big Mac a la hamburguesa Frankenstein

Cuando pensábamos que ya lo habíamos visto todo en el mundo de la hamburguesa, una vez más la realidad nos sorprende. Si tiempo atrás, algunos medios de comunicación se hicieron eco del hallazgo de una hamburguesa de McDonald's en perfecto estado de conservación catorce años después de servirse, en agosto de 2013 se difundía el lanzamiento de la hamburguesa de laboratorio, a la que también podríamos llamar hamburguesa Frankenstein, diseñada, al igual que el «monstruo» de Mary Shelley, entre probetas.

Una hamburguesa que lo tiene todo: su producción no contamina, gasta poca energía, casi no utiliza suelo y, además, no contiene grasas. Su «carne» es resultado de extraer algunas células madre del tejido muscular del trasero de una vaca. ¿Qué más podemos pedir? Hamburguesa *light*. Perfecta para el verano.

Aunque su precio no es accesible, aún, a todos los bolsillos. Unos 248.000 euros asciende su coste. Incluirla en el *Happy Meal*, parece, llevará algún tiempo. Aunque son ya varias las compañías que compiten para ser la primera en sacar una hamburguesa, una albóndiga o una salchicha artificial al mercado. Eso sí, nos dicen que con tal avance científico se acabará con el hambre en el mundo. La gente quiere comer, y quiere comer carne, pues carne les vamos a dar, parece el razonamiento de los «padres» de dicho engendro.

A mí me vienen dos cuestiones a la cabeza. Primera, ¿hace falta que comamos tanta carne para alimentarnos? ¿Antes que producir más carne, independientemente de su origen, no sería mejor fomentar otro tipo de alimentación más sana, saludable, respetuosa con los derechos de los animales y sostenible? Pero, ¿quién se beneficia con este tipo de comida adicta al vacuno y al porcino? Smithfield Foods, el mayor productor y procesador mundial de carne de cerdo, es uno de los ganadores. En su currículum destaca la violación de derechos laborales, la contaminación ambiental, etc. En el Estado español, Smithfield Foods opera a través de Campofrío.

Segunda cuestión, ¿para acabar con el hambre es necesaria una hamburguesa de laboratorio? Según la ONU, en la actualidad se produce suficiente comida para alimentar a 12.000 millones de personas, en el planeta hay 7.000 millones, y a pesar de estas cifras casi una de cada siete personas pasa hambre (UN News Center, 2007). Comida hay, lo que falta es justicia en su distribución. No se trata de aumentar la producción, ni de engendrar hamburguesas en los laboratorios, ni de más agricultura transgénica, sino, simple y llanamente de que exista democracia a la hora de producir y distribuir los alimentos.

Las soluciones «milagrosas» a la crisis alimentaria no existen. Los problemas políticos, como el hambre, nunca se solucionarán con atajos técnico-científicos, financiados, por cierto, por multimillonarios como Sergey Brin, cofundador de Google, o Peter Thiel, patrocinador de Facebook y cofundador de PayPal, en busca de nuevas fuentes de negocio. No se trata de rechazar la investigación científica, al contrario, hay que fomentar una ciencia al servicio de la mayoría social, no supeditada a los intereses comerciales ni económicos y comprometida con la mejora de las condiciones de vida de las personas. Sin embargo, desde la revolución verde hasta los Organismos Genéticamente Modificados se nos ha prometido acabar con el hambre. La cruda realidad, en cambio, señala su fracaso. Aunque, a menudo, se oculta su gran éxito: beneficios millonarios para la industria agroalimentaria y biotecnológica. La hamburguesa Frankenstein no será una excepción.

De mala leche

Los ganaderos y productores de leche están en pie de guerra. El sector atraviesa, lo hemos visto a lo largo de los últimos años, una crisis profunda provocada por el fuerte descenso del precio de este producto que perjudica especialmente a los pequeños y medianos ganaderos, quienes están abandonando poco a poco sus explotaciones.

Pero no se trata solo de una «crisis de precios», sino que estamos frente a una «crisis de modelo agrícola», resultado de las políticas gubernamentales que promueven una agricultura y producción intensiva e insostenible. A pesar de esta difícil situación, el Consejo Agrícola de la Unión Europea, en septiembre de 2009, se mantuvo impasible frente a la crisis del sector, permitiendo una alta producción mientras la demanda disminuía con la consiguiente caída en picado de los precios de la leche y el empobrecimiento de los pequeños productores.

Por este motivo, desde Plataforma Rural y la Coordinadora Europea de la Vía Campesina se insta, en primer lugar, a una regulación del mercado que adapte la oferta a la demanda, no como ahora que se promueve un aumento de la cuota de producción independientemente de que la demanda esté por debajo de la oferta. Una política que básicamente busca beneficiar a la industria láctea y a la gran distribución a costa de pagar unos precios de miseria a los productores.

En segundo lugar, se trata de apoyar a las explotaciones pequeñas y medianas que están pagando la crisis, no como ahora que desde la Unión Europea se fomenta que estas abandonen la producción. Se tiene que reducir la elaboración en función de su tamaño, disminuyendo en las industrias intensivas y eximiendo a las pequeñas. Es necesaria una distribución equilibrada de las plantas lecheras en el territorio que busquen una estabilidad agroclimática, y no como ahora que se promueve su traslado hacia los puertos marítimos importadores de soja para la alimentación animal.

Y en tercer lugar, es urgente un equilibrio entre métodos productivos y respeto medioambiental. La producción lechera intensiva, a base de soja importada, animales encerrados, contaminación de los suelos... es uno de los principales causantes del cambio climático. Por todo ello, se debe de apostar por una industria lechera diversificada y sostenible con las personas, los animales y el medio ambiente.

La crisis lechera nos afecta a todos porque son necesarios un mundo rural vivo, alimentos de calidad y proximidad, junto con una retribución justa al productor. Hay motivos y muchos para estar de «mala leche».

¿Comer pescado es tan saludable?

Nos dicen que comer pescado es de lo mejor. Nos aporta ácido graso omega 3, vitaminas B, calcio, yodo... Sin embargo, ¿comer pescado es tan saludable? ¿Seguro que es beneficioso para nosotros y el medio ambiente? ¿Qué efectos tiene en los fondos y especies marinas? ¿Y en las comunidades locales? ¿Quién sale ganando con su creciente demanda? Aguas turbias se mueven en las bambalinas de la industria pesquera.

El consumo de pescado va a más. Su producción mundial batió un nuevo récord en 2013 alcanzando los 160 millones de toneladas, sumando la pesca de captura y la de piscifactorías, frente a los 157 millones del año anterior (FAO, 2014). Una tendencia que se sustenta en una sólida demanda en los mercados internacionales y en un aumento en Asia oriental y el sudeste asiático, especialmente en China. En Europa, el Estado español es uno de los mayores consumidores, con una media de 26,8 kilos de pescado por persona y año, a pesar del descenso que su consumo ha sufrido en los últimos tiempos debido a la crisis (Martín, 2012).

Una demanda creciente que se ha visto satisfecha por la expansión de la acuicultura intensiva, o lo que sería lo mismo: «granjas de peces» o piscifactorías. Calco y copia del modelo de ganadería industrial, aplicado en esta ocasión a la pesca. Hoy, uno de cada dos peces que comemos procede de dicha producción. Se trata de un modelo en auge que se calcula que en 2030 suministrará casi dos tercios de todo el pescado consumido en el mundo (World Bank, 2013). Sin embargo, el negativo impacto social y medioambiental de este modelo, desde su instalación al «cultivo» y procesado de los peces, es la otra cara de la moneda.

Pez come pez

La lógica del capital impacta de pleno en su producción. Se crían las especies de alto valor económico, las más demandadas para el consumo. En Noruega, el salmón; en el Estado español, la dorada, la lubina, la trucha, el atún. La mayoría, peces carnívoros: pescado que a su vez necesita de otro para su engorde. El periodista Paul Greenberg (2012), en su obra *Cuatro peces. El futuro de los últimos alimentos salvajes*, lo dejaba claro: para producir un kilo de salmón se necesitan tres kilos de otras especies de pescado y para un kilo de atún, nada más y nada menos, que 20 kilos. Lo que genera una mayor sobreexplotación de los recursos pesqueros. Unos bienes, a menudo, sustraídos de las costas de los países del Sur, mermando así bienes imprescindibles para su alimentación. El resultado es un producto de lujo a merced de los bolsillos que se lo pueden costear.

Los tratamientos que se aplican en las piscifactorías para combatir las enfermedades infecciosas de los peces son otro factor de riesgo para la salud medioambiental y el consumo humano (Artijo, 2005). Un ejemplo son los baños de formol, con una función antiparasitaria, y el suministro preventivo y continuado de antibióticos, que se acumulan en los órganos internos del animal, facilitando la aparición de patógenos resistentes. Las condiciones en las que se encuentran los peces no ayuda. El hacinamiento en piscinas y jaulas está al orden del día y permite fácilmente la propagación de enfermedades por fricciones, estrés o canibalismo.

Su impacto en el territorio y las comunidades es también importante. Las mismas instalaciones, grandes superficies de piscinas, compiten con el uso de dicho espacio por parte de la población local, ya sea para el cultivo o el pastoreo. Las aguas de estos emplazamientos, con altas dosis de productos químicos y sustancias tóxicas, contaminan los suelos y el entorno acuático, y la introducción de especies exóticas y la fuga de ejemplares afecta a las especies nativas.

De la costa a mar adentro

La pesca de captura a gran escala, desde la costa hasta las aguas más profundas, tiene asimismo consecuencias muy negativas tanto para los propios recursos pesqueros como para el medio ambiente. En el Mediterráneo, el 92% de las poblaciones de peces están sobreexplotadas, el 63% en el Atlántico (Ecologistas en Acción, 2012). Varias especies marinas se ven amenazadas y en peligro de extinción. La sobrepesca ha sido la práctica dominante y su consecuencia: la disminución de peces en el mar.

A parte, la contaminación del agua incide en dichos animales. La presencia de mercurio en los peces es la más conocida y amenaza al ecosistema y a nuestra salud, al tratarse de una sustancia tóxica que afecta al cerebro y al sistema nervioso. Según Ecologistas en Acción (2014), el pescado contiene cada vez más mercurio. En 2013, en la Unión Europea se notificaron 96 casos de pescado contaminado, frente a los 68 del año anterior. La organización ecologista denuncia que los límites de mercurio permitidos por la Unión no son suficientes, porque no tienen en cuenta ni el consumo medio ni las características corporales del consumidor. Los máximos permitidos por la FAO y la Organización Mundial de la Salud, en cambio, son más restrictivos. Nuestra salud, en juego.

El medio ambiente se ve asimismo perjudicado por técnicas como la pesca de arrastre, que a través del uso de redes que barren el suelo del mar destruye fondos marinos y acaba con hábitats naturales como arrecifes de coral y captura. A parte, hay que tener en cuenta el pescado no deseado y los ejemplares inmaduros que son obtenidos mediante esta técnica de «caza» indiscriminada y que acaban siendo descartados, y lanzados de nuevo, muertos o casi muertos, al agua. En la pesca de arrastre de cigala en el mar del Norte, por ejemplo, se estima que las capturas no deseadas y descartadas alcanzan el 98% del total (Ecologistas en Acción, 2012). Una práctica que igualmente se da en otros modelos de pesca en teoría más selectivos como la del palangre, con miles de anzuelos con cebos que cuelgan de líneas que pueden medir metros o kilómetros. En el mar Adriático, los descartes de este modelo de pesca pueden llegar hasta el 50% de la captura. La pesca industrial con grandes embarcaciones aumenta también el riesgo de contaminación a causa de derrames de petróleo y combustible. El agua, parece, lo engulle todo. Pero la vida en el mar se agota.

Otro impacto de la pesca industrial se da en tierra firme, en las comunidades. La tan magnífica como dura película de Hubert Sauper *La pesadilla de Darwin* lo muestra con toda crudeza: el retrato de la vida de 25 millones de personas alrededor del lago Victoria, más de la mitad en situación de desnutrición, recogiendo las migajas de la boyante industria del procesado y la comercialización de perca del Nilo destinada al mercado extranjero. Se trata de la cara oculta, y más dramática, de lo que aquí en la pescadería o el supermercado nos dicen es «filete de mero», y que compramos a un módico precio. Cada día, se estima que dos millones de personas en Occidente consumen perca del Nilo. Lo que equivaldría a satisfacer las necesidades de proteína de una tercera parte de la población desnutrida de alrededor del lago Victoria (No te comas el mundo, 2005b).

En pocas manos

Unas pocas empresas empresas se reparten el jugoso pastel de la pesca industrial. Se trata de grandes compañías que compran y absorben a otras pequeñas con el objetivo de ejercer un mayor control de la industria integrando cría, procesado y comercialización. En la actualidad, por poner un ejemplo, cuatro empresas controlan más del 80% de la producción mundial de salmón: la noruega-holandesa Nutreco es la número uno, seguida de las también noruegas Cermaq, Fjord Seafood y Domstein que, tras fusionarse en 2002, ocupan la segunda posición.

Otras grandes compañías como Pescanova, de origen gallego, optan por la compra de cuotas invirtiendo en producción de salmón en Chile, tilapia en Brasil, rodaballo en Portugal y camarón en Nicaragua. Sin embargo, del éxito a la bancarrota. En la actualidad, Pescanova se encuentra en la cuerda floja, acuciada por las deudas y a merced de la banca (Recio, 2013). Un modelo industrial que acaba con la pesca artesanal, que no puede sobrevivir en un sistema pensado por y para la pesca intensiva y a gran escala.

Llegados a este punto, volvemos a preguntarnos : ¿Comer pescado es tan saludable para nosotros y el medio ambiente? Saquen conclusiones.

VIII. LAS BAMBALINAS DE LA AGROINDUSTRIA

Una política al servicio del agronegocio

En el Ministerio de Agricultura, Alimentación y Medio Ambiente se dan cambios sin cambios. Miguel Arias Cañete dejó el cargo en abril de 2014 e Isabel García Tejerina, su mano derecha, lo ocupó. La sumisión del ministerio a los intereses empresariales continúa, con una nueva ministra que, como su antecesor, se debe al sector privado. Si Cañete venía de la Petrolífera Dúcar, García Tejerina lo hace del Grupo Fertiberia. La dinámica de «puertas giratorias» se repite una vez más.

Isabel García Tejerina es parte del mobiliario del departamento de agricultura con el PP, con diez años rondando por sus dependencias. De 1996 al 2000, fue asesora ejecutiva del ministerio, y del 2000 al 2004, secretaria general, durante los gobiernos de José María Aznar. Después, con la victoria del PSOE, regresaría al sector privado como directora de planificación estratégica de la empresa de fertilizantes y productos químicos Fertiberia, donde permanecería hasta 2012, cuando volvería al ministerio de agricultura para ocupar de nuevo su secretaría general.

De lo público a lo privado y de lo privado a lo público, gira la puerta y vuelta a empezar. La nueva ministra de agricultura cumple el guión. En el transcurso de ocho años, fue una de las principales directivas del Grupo Fertiberia, empresa líder del sector de fertilizantes y abonos agrarios, uno de los principales operadores mundiales en el mercado del amoniaco. Y no solo eso, dicha empresa fue condenada por la Audiencia Nacional y el Tribunal Supremo por delito ambiental por sus vertidos de fosfoyeso en la ría de Huelva (*El País*, 2011). El conflicto de intereses es claro.

Fertiberia, además, es propiedad del marqués de Villar Mir, imputado en el Caso Bárcenas por donaciones ilegales al Partido Popular, y una de las firmas clave de su conglomerado empresarial Grupo Villar Mir. La nueva Ley de Costas, aprobada por Cañete y a la que Tejerina da total continuidad, beneficia de pleno a las empresas del Grupo Fertiberia y les permite mantenerse en las inmediaciones de la costa, gracias a la reforma de la normativa. ¿A quién servirán las políticas agrarias y medioambientales de la nueva ministra? A aquellos pocos que siempre se benefician de lo público, en detrimento de la mayoría y del ecosistema.

Las «puertas giratorias» no son excepción sino norma, lo hemos visto en el Gobierno del PP y en el del PSOE, y en múltiples administraciones y carteras. Se trata de un síntoma claro del secuestro de la política y la democracia.

Coca-Cola es así

«Gracias por compartir felicidad», nos dice el último anuncio de Coca-Cola, pero mirando de cerca parece que Coca-Cola de felicidad más bien reparte poca. O sino que se lo pregunten a los trabajadores de las plantas que la multinacional echó el cierre en 2014 en Fuenlabrada (Madrid), Mallorca, Alicante y Asturias o a los sindicalistas perseguidos, y algunos incluso secuestrados y torturados, en Colombia, Turquía, Pakistán, Rusia, Nicaragua o a las comunidades de la India que se han quedado sin agua tras el paso de la compañía. Por no hablar de la pésima calidad de sus ingredientes y el impacto en nuestra salud.

Cada segundo se consumen 18.500 latas o botellas de Coca-Cola en todo el mundo, según datos de la propia empresa. El Imperio Coca-Cola vende sus 500 marcas en más de 200 países. Quién se lo hubiese dicho a John S. Pemberton, cuando en 1886 diseñó tan exitoso brebaje en una pequeña farmacia de Atlanta, Estados Unidos. Hoy, la multinacional ya no vende tan solo una bebida sino mucho más. A golpe de talonario y campañas multimillonarias de *marketing*, Coca-Cola nos vende algo tan preciado como «la felicidad», «la chispa de la vida» o «una sonrisa». Sin embargo, ni su Instituto Coca-Cola de la Felicidad es capaz de esconder todo el dolor que ocasiona la compañía. Su currículo de abusos sociales y laborales recorre, como sus refrescos, todo el planeta.

Un rastro de abusos

Al final, le ha tocado el turno al Estado español. La compañía anunció en enero de 2014 un Expediente de Regulación de Empleo que implicaba el cierre de cuatro de sus once plantas, el despido de 1.250 trabajadores y la recolocación de otros 500. Una medida que se tomaba, según la multinacional, «por causas organizativas y productivas» (Bravo, 2014). Un comunicado de CCOO, en cambio, desmentía dicha afirmación y señalaba que la empresa tenía enormes beneficios, de alrededor de 900 millones de euros, y una facturación de más de 3.000 millones (Europa Press, 2014).

Las malas prácticas de la compañía son tan globales como su marca. En Colombia, desde 1990, ocho trabajadores de Coca-Cola han sido asesinados por paramilitares y 65 más han recibido amenazas de muerte. El sindicato colombiano Sinaltrainal ha denunciado que tras dichas acciones se encuentra la multinacional. En 2001, Sinaltrainal, a través del International Labor Rights Fund y la United Steel Workers Union, consiguió interponer en Estados Unidos una demanda contra la empresa por estos casos. En 2003, la corte desestimó la petición alegando que los asesinatos tuvieron lugar fuera de Estados Unidos. La campaña de Sinaltrainal, de todos modos, había conseguido ya numerosos apoyos (Zacune, 2006).

El rastro de abusos de Coca-Cola lo encontramos prácticamente en cada rincón del mundo. En Pakistán, en 2001, varios trabajadores de la planta de Punyab fueron despedidos por protestar y los intentos de sindicalización de sus trabajadores en Lahore, Faisal y Gujranwala chocaron con las trabas de la empresa y la administración. En Turquía, sus empleados denunciaron a Coca-Cola, en 2005, por intimidación y torturas y por utilizar una rama especial de la policía para dichos fines. En Nicaragua, el mismo año, el Sindicato Único de Trabajadores acusó a la multinacional de no permitir la organización sindical y amenazar con despidos. Casos similares encontramos en Guatemala, Rusia, Perú, Chile, México,

Brasil, Panamá (Zacune, 2006). Uno de los principales intentos por coordinar una campaña de denuncia internacional contra Coca-Cola fue en 2002 cuando sindicatos de Colombia, Venezuela, Zimbabue y Filipinas denunciaron de manera conjunta la represión sufrida por sus sindicalistas en Coca-Cola y las amenazas de secuestro y asesinato recibidas.

Aunque la compañía no es únicamente conocida por sus abusos laborales sino también por el impacto social y ecológico de sus prácticas. Como ella misma reconoce: «Coca-Cola es la empresa de la hidratación. Sin agua, no hay negocio» (Zacune, 2006). Y succiona hasta la última gota allá donde se instala. De hecho, para producir un litro de Coca-Cola, se requieren tres litros de agua, y no solo para su bebida sino para lavar botellas, maquinaria... Agua que *a posteriori* es desechada como agua contaminada, con el consiguiente perjuicio medioambiental. Para saciar su sed, una embotelladora de Coca-Cola puede llegar a consumir hasta un millón de litros de agua por día, la empresa toma unilateralmente el control de acuíferos que abastecen a comunidades locales dejándolas sin un bien tan esencial como es el agua.

En la India, varios estados (Rajastán, Uttar Pradesh, Kerala, Maharastra) se encuentran en pie de guerra contra la compañía. Varios documentos oficiales señalan la disminución drástica de los recursos hídricos allá donde esta se ha instalado, acabando con el agua para el consumo humano, la higiene personal y la agricultura, sustento de muchas familias. En Kerala, en 2004, la planta de Plachimada de Coca-Cola fue obligada a cerrar después de que el ayuntamiento denegara la renovación de su licencia acusando a la empresa de agotar y contaminar sus aguas. Meses antes, el Tribunal Supremo de Kerala sentenció que la extracción masiva de agua por parte de Coca-Cola era ilegal (Vikas Adhyayan Kendra, 2003). Su cierre fue una gran victoria para la comunidad.

Casos similares se han dado en El Salvador y Chiapas, entre otros. En El Salvador, la instalación de plantas de embotellamiento de Coca-Cola ha agotado recursos hídricos tras décadas de extracción y ha contaminado acuíferos al deshacerse de agua no tratada procedente de dichas plantas. La multinacional siempre ha rehusado hacerse cargo del impacto de sus prácticas. En México, la compañía ha privatizado numerosos acuíferos, dejando a comunidades locales sin acceso a estos, gracias al apoyo incondicional del Gobierno de Vicente Fox (2000-2006), por cierto, antiguo presidente de Coca-Cola México (Zacune, 2006).

Su fórmula secreta

El impacto de su fórmula secreta sobre nuestra salud está también extensamente documentado. Sus altas dosis de azúcar no nos benefician y nos convierten en «adictos» a su brebaje. El uso del aspartamo, un edulcorante no calórico sustitutivo del azúcar, en la Coca-Cola Zero, se ha demostrado, como señala la periodista Marie-Monique Robin en su documental *Nuestro veneno cotidiano*, que consumido en altas dosis puede resultar cancerígeno.

En 2004, Coca-Cola en Gran Bretaña se vio obligada a retirar, tras su lanzamiento, el agua embotellada Dasani, después que se descubriera en su contenido niveles ilegales de bromuro, sustancia que aumenta el riesgo de cáncer. La empresa tuvo que apartar medio millón de botellas, que había anunciado como «una de las aguas más puras del mercado». Previamente, un artículo en la revista *The Grocer* había destapado que su origen no era agua de manantial, como rezaba su publicidad, sino agua tratada del grifo de Londres (Garrett, 2004).

Los tentáculos de Coca-Cola son tan alargados que, en 2012, una de sus directivas, Ángela López de Sá Fernández, alcanzó la dirección de la Agencia Española de Seguridad Alimentaria. ¿Qué postura va a tener la Agencia ante el uso del aspartamo cuando la empresa que hasta hace dos días le pagaba el sueldo a su actual directora lo usa sistemáticamente? ¿Conflicto de intereses? Lo señalábamos ya antes con el caso de Vicente Fox.

La marca que nos dice vender felicidad más bien reparte pesadillas. Coca-Cola es así, dice el anuncio. Así es y así se lo hemos contado.

McDonald's: comida basura y trabajo porquería

En McDonald's, la calidad de su comida es tan baja como los salarios que paga. Alimentos *low cost* para consumidores con ingresos bajo mínimos. La misma mano de obra que explota, a quien paga un salario de miseria, es la misma que, con tan pocos ingresos, solo le quedan los McMenús de 4,90 euros. Una legión de trabajadores pobres, que salen muy baratos, pero con retribución suficiente para pagarse un Big Mac o una Cheeseburguer. Negocio redondo.

Menos ingresos, peor alimentación

Lo que comemos, aunque no lo parezca, viene condicionado por la clase social. Quien cuenta con más recursos económicos puede optar a una comida de mayor calidad, y quien estudia y tiene más formación, posee más criterio a la hora de juzgar lo que come. Cuando nos quieren ignorantes y buscan convertir la educación en un privilegio, esto implica condenarnos a la pobreza, a trabajos precarios y a una alimentación deficiente. Unas pocas empresas, como McDonald's, están dispuestas con ello a aumentar sus beneficios.

Varios informes señalan que a menos ingresos peor alimentación (Varela, 2013; Ipsos, 2013). No en vano, en Estados Unidos quienes sufren mayores problemas de obesidad son las comunidades afroamericanas y latinas. Las mismas que configuran el ejército de precarios y trabajadores de las cadenas de comida rápida. En el Estado español, las comunidades autónomas con mayores índices de pobreza, como Andalucía, Canarias, Castilla-La Mancha y Extremadura, concentran las cifras más elevadas de población con exceso de peso (Instituto Geográfico Nacional, 2006; Ministerio de Sanidad y Agencia Española de Seguridad Alimentaria, 2005).

Unidos contra la precariedad

McDonald's no es la excepción sino la norma. Burger King, Kentucky Fried Chicken, Subway, Pizza Hut son otras multinacionales que siguen dicho patrón. El 5 de diciembre de 2013, sus trabajadores en Estados Unidos se levantaron en pie. Más de cien ciudades, como Nueva York, Chicago, Boston, Detroit, Houston y Los Ángeles, acogieron en esta jornada huelgas y protestas de los empleados del sector de la comida rápida. Su demanda: un aumento salarial. Pasar de los 7,25 dólares (5,3 euros) la hora a los 15 dolares (11 euros). Las condiciones laborales en estos centros son tan precarias, de las peores, que muchos de sus trabajadores tienen que recurrir a otros empleos y aún así dependen de las ayudas sociales para llegar a fin de mes. En verano de 2013 hubo ya una primer movilización. La del 5 de diciembre se extendió a más ciudades.

Las movilizaciones en el sector son escasas, debido a las dificultades para organizarse en el lugar de trabajo. Cualquier intento de coordinación sindical es fuertemente reprimido. Sin embargo, estas protestas apuntan a un nuevo tipo de lucha que suma a distintos actores: trabajadores precarios, sindicalistas y activistas vecinales. Todo un ejemplo.

En el Estado español, McDonald's también ha sido foco de protestas. Sus prácticas laborales, a la par que «culinarias», son internacionales. En 2007, en el McDonald's Estación de Granada empezó una importante lucha sindical. Sus trabajadores se organizaron para exigir condiciones laborales dignas. Despidos, reducciones de contrato, presión psicológica, vacaciones impuestas, lista negra... fue la respuesta de la compañía. La lucha continúa. Y a pesar de la presión de la empresa y la discriminación sindical, se han conseguido mejoras laborales para el conjunto de la plantilla. Una protesta que ha contado con apoyos y jornadas de movilización contra McDonald's en el resto del Estado.

Un trabajo digno implica una vida digna y una comida digna. McDonald's significa justo lo contrario. McMenús y McSalarios no, gracias.

Del Panrico al «panpobre»

Hasta hace muy poco, los anuncios de Donuts nos decían: «Empieza el día con una sonrisa». Pero, en las fábricas de Panrico ya no se reparten sonrisas. De un tiempo para acá, la vida de la plantilla se ha convertido en una ruleta rusa. Ahora en manos de unos, después en manos de otros. La usura, que no conoce límites, ha sido la sentencia de muerte de la compañía y el recorte en los derechos de sus trabajadores, como nos repiten, el «sacrificio necesario».

Lo que era una empresa familiar líder en la producción de bollería industrial se ha convertido en un negocio en bancarrota. Panrico fue fundada en 1962 por el empresario Andreu Costafreda y los Donuts se alzaron muy pronto como su producto estrella, seguidos, *a posteriori*, por los populares Bollycao. A finales de los setenta, la empresa consolidaba su expansión en el Estado español, a mediados de los ochenta abría fabrica en Portugal y en los noventa en Pekín.

Su crecimiento parecía no tener límites. A la muerte de su fundador, en 1998, se escribía en los periódicos: «Panrico se ha convertido en una de las empresas de alimentación más importantes de España con una facturación del orden de 70.000 millones de pesetas, 22 plantas productivas y una plantilla de 7.000 trabajadores» (Horcajo, 1998). ¡Qué tiempos aquellos!

Las entidades financieras no dejaron pasar la oportunidad. En 2001, La Caixa y el Banco Sabadell entraron a formar parte su accionariado, adquiriendo un 30% y un 5% respectivamente. Los préstamos para que la compañía pudiera seguir creciendo estaban garantizados. Panrico, en poco tiempo, entraba en el mercado de los productos congelados de pan y bollería. Cubría, de este modo, nuevos mercados.

En manos del capital riesgo

Pero en 2005, la empresa cambió totalmente de manos. El 100% de sus acciones fueron adquiridas por la firma de capital riesgo Apax Partners, una compañía dedicada a la compra y venta de compañías en todo el mundo, lucrándose con la revalorización de su accionariado. Apax Partners pagó muy alto la adquisición de Panrico: 900 millones de euros, por encima de los 600-700 millones en que estaba valorada. El objetivo: trocear la multinacional, vender sus activos, obtener dinero rápido, recuperar la inversión y posicionar la compañía en lo alto de su cuota de mercado para venderla de nuevo y conseguir más beneficio. *Voilà*.

En 2011, la empresa se traspasaba nuevamente. Esta vez al fondo buitre de inversión Oaktree, especializado en «reflotar» empresas en quiebra, y, de paso, hacer negocio con las mismas. En su curriculum, de hecho, ya cuenta con el 24% del accionariado de Campofrío. La ruleta sigue girando. Y la historia es de sobras conocida. Más dinero para una minoría (el propietario), menos derechos para una mayoría (los trabajadores).

En Panrico lo último que importa es su plantilla. Chantaje tras chantaje, la situación se ha vuelto insostenible. En octubre de 2014, Oaktree impuso: 1.914 despidos, casi la mitad del personal, y una reducción del salario de entre el 35% y el 45%, a la que la línea de producción sumaba recortes anteriores. La fábrica de Santa Perpetua de Mogoda plantó cara y mantuvo durante ocho largos meses una de las huelgas más prolongadas desde la democracia. Oaktree, pero, no cedió en su empeño.

Hemos pasado, como algunos dicen, del Panrico al «panpobre».

Telepizza, ¿el secreto está en la masa?

Telepizza nos dice que «su» secreto está en la masa. Sin embargo, la fórmula del éxito de Telepizza no se encuentra en la masa sino en las precarias condiciones de los trabajadores, la baja calidad de sus productos y una agresiva publicidad de ofertas y promociones. Aunque al «rey» de las pizzas a domicilio le tambalean los cimientos y, después de una trayectoria ascendente de éxito, acumula desde hace años números rojos. El culebrón del cambio de manos en la propiedad de la empresa, actualmente controlada al 100% por el fondo de capital riesgo Permira, explica su situación de bancarrota.

Una historia de éxito

Los orígenes de TelePizza se remontan a 1987, cuando Leopoldo Fernández Pujals decide, a los 40 años, dar un vuelco a su trayectoria profesional y abrir una pizzería, que incorpora una importante novedad: las pizzas no solo podrán ser consumidas en el establecimiento sino encargadas por teléfono y servidas a domicilio sin coste añadido. Esto que ahora nos puede parecer de lo más normal, a mediados de los 80 fue toda una novedad. Fernández Pujals había «importado» la idea de Estados Unidos, donde este sistema funcionaba desde hacía décadas.

Leopoldo Fernández Pujals había vivido desde los 13 años en Estados Unidos, donde inmigró desde La Habana después de la revolución. En su país de acogida, había crecido, se había afiliado a los Marines, combatido en la Guerra del Vietnam, cursado estudios de finanzas, trabajado en la multinacional Procter&Gamble y después en Johnson&Johnson, que le destinó al Estado español en 1981 como director de marketing. En sus inicios, de hecho, alternaba el traje y corbata de las mañanas en la empresa norteamericana, con el delantal de cocina por la tarde y noche en la pizzería. Su objetivo: implantar aquí y sacar tajada del negocio de la comida rápida a base de pizzas. Así, nació Telepizza. En el capital inicial, él era el socio mayoritario, seguido de su hermano Eduardo y otros accionistas minoritarios.

La empresa creció como la espuma. Si en 1990, se contabilizaban 18 pizzerías, en 1995 ya eran 245 y a finales de los noventa sumaba un total de 767, tanto en el Estado español como en el extranjero. La expansión de Telepizza combinó la apertura de establecimientos propios, un 40%, y franquicias, un 60%, lo que posibilitó un crecimiento muy rápido. Además, el sistema de franquicias permitió la apertura de nuevas tiendas sin necesidad de inversión inicial por parte de la compañía. Nuevas pizzerías abrieron primero en las ciudades más grandes como Zaragoza, Vigo, Santander, Bilbao, Alicante, Valladolid, Málaga... y después en otras de tamaño medio.

En menos de diez años, Telepizza se convertía en la segunda empresa de *fast food* en el Estado español, por detrás de McDonald's, y la primera en el reparto de pizzas. Por aquellos tiempos, en 1995, un «golpe de estado» destituyó a Leopoldo Fernández Pujals de la presidencia, un golpe fraguado por su hermano y otros pequeños accionistas. El fundador de Telepizza no se rindió y un año más tarde después de pactar con el BBVA, que entraría a formar parte del accionariado, recuperó de nuevo su cargo de presidente.

Al mismo tiempo, la empresa salió a cotizar, y exitosamente, en Bolsa, adquiriendo cadenas competidoras como Pizza World y empezando un proceso de integración vertical incorporando al negocio a varios de sus proveedores, desde el transporte a los productores de queso. Se creó un gran *holding* empresarial que controlaba cada una de las fases del proceso, desde el acopio y la elaboración de materias primas, con fábricas donde se elaboraban las masas de las pizzas y el queso, pasando por la distribución de estas materias a los establecimientos, hasta la elaboración de la comida y su reparto. Un control total de la cadena, que le permitió reducir costes y aumentar beneficios.

La clave del triunfo

¿Cuál es el secreto del éxito? A pesar de que Telepizza nos venda que «el secreto está en la masa» y su fundador Leopoldo Fernández Pujals se presente como un hombre hecho a sí mismo, en realidad la clave del triunfo reside en un dominio completo de la cadena (desde la producción a la entrega), en unas precarias condiciones laborales, en una baja calidad de sus alimentos y en una publicidad agresiva de ofertas y promociones.

La carrera por ganar dinero, y cuanto más mejor, le ha llevado a recortar cada vez más derechos a sus trabajadores. Si en 1994, su plantilla formaba parte del Convenio de Hostelería, a partir de ese año, y con el beneplácito de los sindicatos mayoritarios, se creó un nuevo Convenio de *Delivery*, que significó un retroceso en derechos consolidados. Se perdió una porción importante del salario, una paga extra, el *plus* de festivos. Los accionistas de la compañía pasaron a ganar más, la plantilla menos. Y así sucesivamente. En 2000, se perdió el *plus* de antigüedad y el *plus* de nocturnidad y en 2001 el *plus* de transporte. Y aunque en el año 2000, el Tribunal Supremo sentenció que los trabajadores del Telepizza debían tener las mismas categorías y condiciones que los del sector de la Hostelería, ni las direcciones de CCOO ni UGT (entonces los únicos representantes de la plantilla) exigieron que se aplicara la sentencia (Sección sindical Telepizza CGT, 2013).

La presión laboral, para conseguir mayores ventas, trabajar más horas..., y la represión a la organización sindical son otra constante, como han denunciado sus trabajadores (Kaos en la red, 2010). En octubre de 2010, un empleado de Telepizza de un establecimiento de Zaragoza fue despedido precisamente por intentar crear un comité de empresa. En enero de 2013, tres trabajadores de una tienda de Sevilla fueron despedidos también por denunciar las malas prácticas de la compañía. Lo que dio lugar a la organización de protestas ante varios establecimientos de Telepizza en distintas partes del Estado. En marzo de 2013, Telepizza anunció el despido de 145 trabajadores, el cierre de cinco establecimientos en Málaga, Sevilla y Madrid y la reducción del plus de reparto. La crisis ha permitido apretar aún más las tuercas.[1]

La empresa apuesta asimismo por impulsar sindicatos amarillos bajo su control, a la vez que divide a la plantilla en una serie de categorías profesionales para combatir la organización sindical. Sus empleados denuncian sueldos de 250 euros a 350 euros al mes, y

1. Más información en la página web de la sección sindical Telepizza CNT Sevilla: https://elsecretoestaenlarata.wordpress.com/

como ahora los nuevos contratos son solo de 24 horas mensuales y con un salario de 125 euros, a cinco euros la hora (Sección sindical Telepizza CGT, 2010). Su plantilla está integrada mayoritariamente por menores de 25 años, muchos estudiantes, y cada vez más padres y madres de familia en situación precaria, y con miedo a perder el empleo. Aquí, tienen la clave de su éxito.

En la masa, tampoco está el secreto, o sí. La baja calidad de sus ingredientes, en la carrera por conseguir el máximo beneficio con un producto lo más barato posible y venderlo después a un precio competitivo, es la norma. El truco no está, en todo caso, en la fórmula de la masa sino en su coste. La revista *Interviú* lo dejó claro en un artículo donde analizaba la calidad de las pizzas de cuatro de las principales cadenas de *fast food* que las sirven a domicilio, entre ellas Telepizza. Los análisis concluían: «Altos niveles de colesterol, importante presencia de grasas saturadas, las más perjudiciales para la salud, y un aporte calórico excesivo; pocos ingredientes, y de muy mala calidad, y mucha masa; y, lo que es peor, un estado higiénico deficiente en todas las muestras analizadas» (Salinas, 2008).

Según el laboratorio Quimicral, encargado de realizar los análisis, las pizzas de dichos establecimientos pueden considerarse «bombas calóricas», con un aporte de calorías excesivo, derivado de las grasas de unos ingredientes de baja calidad, a menudo sucedáneos de lo que dicen ser, desde el bacón a los preparados de queso y carne. En las pizzas analizadas, el ingrediente principal era la masa, entre un 50 y un 66%, en detrimento de otros más caros, lo que favorece un mayor beneficio económico para la compañía a costa del cliente (Salinas, 2008).

La publicidad agresiva de ofertas y promociones es otro de los recursos más utilizados: «Disfruta con el triple de Telepizza. Tres medianas a siete euros cada una. ¡Pídelas ya!» o «Dos por una a domicilio». Nos hacen creer que compramos barato, sin embargo al final de cuentas, y con todo lo consumido, el total suma bastante más de lo imaginado. La última ofensiva ha sido la pizza a un euro, llevada a cabo en días muy concretos y que ha permitido multiplicar por seis la facturación. En 2013, dicha promoción registró más de dos millones de pizzas vendidas.

A parte, ¿qué modelo de alimentación se promueve? Como decía el facebook de Telepizza: «Esta noche... ¡pasa de cocinar!». Se trata de una comida *fast food*, donde lo único que parece importar es comer rápido y barato. La calidad de lo que comemos, saber de dónde viene el producto, cómo se ha elaborado, dar valor a nuestra alimentación, no cuenta. Y en todos estos aspectos la «receta» de Telepizza es la misma que Pizza Hut, Domino's Pizza, Pizza Móvil, Voy Volando, etc.

El declive: a merced del capital especulativo

Volviendo a la historia de Telepizza, en 1999 su fundador y máximo accionista Leopoldo Fernández Pujals optó por dejar la empresa, vender su participación por 300 millones de euros y «dedicarse en cuerpo y alma —como afirmó— a difundir las maldades del régimen castrista en Cuba», al frente de la fundación Elena Mederos, que él mismo había fundado. Años más tarde, en 2004, regresaría a la primera línea de la escena empresarial adquiriendo el 24,9% de Jazztel y su presidencia. Allí aplicaría, una vez más, la fórmula de siempre: máxima precariedad, máximos beneficios. Leopoldo Fernández Pujals (2005), así lo reconoció en una entrevista: «Soy un capitalista como la copa de un pino —y añadió— pero tengo mentalidad social». Me pregunto, qué mentalidad social.

Siguiendo con Telepizza, Leopoldo Fernández Pujals vendió su participación a un grupo de accionistas encabezados por Pedro y Fernando Ballvé, dueños de la multinacional cárnica Campofrío, y Aldo y José Carlos Olcese, propietarios junto a los Ballvé de Telechef, una cadena de comida rápida a domicilio de bocadillos, hamburguesas, etc., y competidora de Telepizza. Curiosamente, fue Lehman Brothers quien facilitó la gestión para que los dueños de Campofrío adquirieran Telepizza. Pedro Ballvé, presidente de Campofrío, pasó, de este modo, a asumir la presidencia de Telepizza. Campofrío se convirtió en la principal proveedora de ingredientes para sus pizzas, y la marca Telechef quedó subsumida en la cadena, que pasó a ofrecer a sus clientes también bocadillos, hamburguesas, perritos calientes y platos combinados.

En 2006, su presidente Pedro Ballvé acudió al fondo de capital riesgo británico Permira para recapitalizar la empresa, que, a pesar de su éxito a finales de los ochenta y principios de los noventa, se había convertido, después de su entrada en Bolsa, en pasto de la especulación bursátil. Ambos lanzaron una OPA sobre las acciones y obligaciones convertibles de Telepizza, haciéndose con el control total de la empresa, y sacando la compañía del parqué bursátil. En 2012, Pedro Ballvé vendió su participación a Permira, quien pasó a controlar el 100% de Telepizza.

El objetivo de Permira era permanecer durante cinco o seis años en Telepizza para después venderla o sacarla a Bolsa y ganar dinero. Un patrón que hemos visto seguir a otros fondos de capital riesgo y fondos buitre, como Apax Partners y Oaktree con Panrico. Permira, por cierto, es propietaria también de Edreams y Cortefiel. Los pronósticos no se cumplieron. Hay que tener en cuenta que cuando la firma de capital riesgo adquirió la empresa, la endeudó para llevar a cabo dicha operación, y esto provocó la difícil situación económica actual. Ahora, Permira busca vendedor para Telepizza con el objetivo de eludir la quiebra.

El problema de la cadena de distribución de pizzas a domicilio no es operativo sino de deuda. En 2012, por ejemplo, sus ventas crecieron un 0,9%, hasta los 351 millones de euros. El lastre reside en el endeudamiento que tiene la empresa, y que adquirió cuando el fondo de capital riesgo Permira la compró y le traspasó la deuda asumida por su compra. Una operación de manual. Ahora, el estancamiento del consumo dificulta, mucho más de lo previsto, el rendimiento de la operación. ¿Quién paga las consecuencias? Como hemos visto anteriormente, la plantilla, que ve recortados sus derechos.

Visto lo visto, el secreto de Telepizza no está en la masa.

IX. EL PODER DE LOS SUPERMERCADOS

Lo que esconde la gran distribución

La gran distribución comercial (supermercados, hipermercados, cadenas de descuento...) ha experimentado en los últimos años un fuerte proceso de expansión, crecimiento y concentración empresarial. Las principales compañías de venta al detalle han entrado a formar parte del *ranking* de las mayores multinacionales del planeta y se han convertido en uno de los actores más significativos del proceso de globalización capitalista.

Su aparición y desarrollo ha cambiado radicalmente nuestra manera de alimentarnos y consumir, supeditando estas necesidades básicas a una lógica mercantil y a los intereses económicos de las grandes empresas del sector. Se produce, se distribuye y se come aquello que se considera más rentable.

«Operación supermercado»

En el Estado español, la apertura del primer supermercado se llevó a cabo en el año 1957 y tuvo lugar en Madrid. Se trataba de un «supermercado-autoservicio» de carácter público promovido por el régimen franquista bajo el programa «Operación supermercado» que importó el modelo de distribución comercial estadounidense bajo la influencia del Plan Marshall. Su objetivo: modernizar el «comercio patrio». La experiencia fue todo un éxito, dando lugar en muy poco tiempo a una red de supermercados públicos en varias ciudades como Donostia-San Sebastián, Bilbao, Zaragoza, Gijón, Barcelona, La Coruña, etc. (Venteo, 2009).

En 1959, abrió el primer supermercado de capital privado en Barcelona, fundado por las familias Carbó, Prat y Botet, propietarias de comercios de ultramarinos, y que lo bautizaron con el nombre de Caprabo, tomando la primera sílaba de cada uno de sus apellidos. Su apertura significó una auténtica «revolución» entre los consumidores, atraídos sobre todo por el hecho de poder coger directamente de las estanterías los productos. Con el paso del tiempo, los supermercados privados, que el mismo gobierno franquista animó a crear, se impusieron, dando lugar a una extensa red de autoservicios en todo el Estado, y los de carácter público fueron desapareciendo.

En ese mismo momento en Europa, los supermercados eran una realidad emergente. En 1957, en Gran Bretaña existían 3.750 establecimientos, en la República Federal de Alemania 3.183, en Noruega 1.288 y en Francia 663. El Estado español[1] e Italia se situaban a la cola, con tres y cuatro autoservicios respectivamente. Los supermercados eran considerados un símbolo de modernidad y progreso. A partir de entonces, su extensión fue *in crescendo*, diez años más tarde, en 1968, el número de supermercados en el Estado sumaba ya 3.678 y veinte años después, en 1978, la cifra alcanzaba los 13.215 establecimientos. Su modelo de distribución y venta al detalle se generalizó a lo largo de la década de los ochenta y noventa, llegando a ejercer a día de hoy un dominio absoluto de la distribución alimentaria.

Además, la mayor parte de nuestra cesta de la compra, entre un 68% y un 80%, la adquirimos en supermercados, hipermercados y cadenas de descuento. Según la revista especializada *Alimarket*, y con datos de 2012, el 68,1% de la alimentación envasada y la droguería la compramos en este tipo de canales, principalmente en los supermercados, frente al 1,5% que adquirimos en la tienda tradicional, el 25,1% en comercios especializados y el 5,3% en otros (Segura, 2012). Según el informe Expo Retail 2006, casi el 82% de la compra de alimentos se realiza a través de la gran distribución, el 2,7% en tiendas tradicionales, el 11,2% en establecimientos especializados y el 4,2% es adquirido en otros lugares (García y Rivera, 2007a).

1. Los datos del Estado español son de 1958, al no contar con cifras de 1957.

En consecuencia, el consumidor cada vez tiene menos puertas de acceso a los alimentos y el productor menos opciones para llegar al consumidor. El poder de venta de los supermercados es total.

Mucho poder en pocas manos

Una distribución moderna que además concentra su peso en un número muy reducido de compañías. La mayor parte de las compras en el supermercado se llevan a cabo en solo seis cadenas, que controlan el 60% de dicho mercado. Se trata de Mercadona, con un 23,8% de la cuota de mercado, Carrefour con un 11,8%, Eroski (que incluye a Caprabo) con un 9,1%, Dia con un 6%, Alcampo (que integra los supermercados Sabeco) con un 5,9% y El Corte Inglés (con SuperCor y OpenCor) con un 4,3%. Les siguen Lidl, Consum, AhorraMás y DinoSol, que en conjunto conforman las 10 principales empresas del sector (Segura, 2012). Nunca el mercado de la distribución alimentaria había estado en tan pocas manos.

En Europa, la dinámica es la misma. En el conjunto del continente, las 10 principales cadenas de supermercados controlaban, con datos del año 2000, más del 40% de la cuota de mercado, el doble que en 1987, y se pronosticaba que entre los siguientes diez y quince años la concentración aumentaría hasta el 75%. En países como Suecia, solo tres compañías de supermercados monopolizan alrededor del 95% de la distribución, y en países como Dinamarca, Bélgica, Francia, Holanda y Gran Bretaña, unas pocas empresas dominan entre el 60% y el 45% del total (García y Rivera, 2007a).

Asimismo, algunas de las mayores fortunas en Europa están vinculadas a la historia de la gran distribución. En Alemania, la persona más rica del país fue hasta el 16 de julio de 2014, fecha de su muerte, Karl Albrecht, fundador y copropietario de los supermercados Aldi. Tras su fallecimiento, el número uno pasó a ser ocupado por Dieter Schwarz, propietario del grupo Schwarz, que incluye las cadenas de supermercados Kaufland y Lidl (Comas, 2014). En Francia, la segunda fortuna del país está en manos de Bernard Arnault, propietario del grupo de artículos de lujo LVMH y con una participación muy importante en Carrefour. Y sin ir más lejos, en el Estado español, el cuarto puesto del *ranking* de las grandes fortunas recae en Juan Roig, propietario de Mercadona (EFE, 2014).

Una concentración que se visualiza claramente en la llamada «teoría del embudo»: miles de campesinos por un lado y millones de consumidores por el otro y tan solo unas pocas empresas de la gran distribución controlan la mayor parte de la comercialización de los alimentos. Tomemos el ejemplo del Estado español. En el extremo superior del embudo, contamos con alrededor de 720.000 campesinos y personas que trabajan en el campo y en el extremo inferior unos 46 millones de habitantes y consumidores,[2] en medio 619 empresas y grupos del sector de la distribución con base alimentaria (con Mercadona, Carrefour, Eroski, Dia, Alcampo, El Corte Inglés, Lidl, Consum, AhorraMás, Makro, Gadisa, El Árbol, Condis, Bon Preu, Aldi, Alimerka a la cabeza) determinan la relación entre ambos. Y un dato a tener en cuenta: de entre estas 619 compañías, solo las 50 primeras ya controlan el 92% de total de la cuota de mercado (Segura, 2012).

El poder de la gran distribución es enorme y nuestra alimentación queda supeditada a sus intereses económicos. Son estas empresas las que que determinan a qué precio se pagan los productos al agricultor y qué coste tienen para nosotros en el «súper», dándose la paradoja de que el campesino cada vez recibe menos dinero por aquello que vende y nosotros, como consumidores, pagamos más. Queda claro quién gana. Se trata de un oligopolio, donde unas pocas empresas controlan el sector, que empobrece la actividad campesina, homogeneiza aquello que comemos, precariza las condiciones laborales, acaba con el comercio local y promueve un modelo de consumo insostenible e irracional.

Una cadena de explotación

Los supermercados imponen un modelo de agricultura y alimentación en la que el campesinado no tiene cabida. Su objetivo es controlar toda la cadena, de origen a fin, disminuir los costes de producción y aumentar el precio final del alimento, para conseguir el máximo beneficio. Al campesino se le paga el menor precio posible por su producción, condenándolo a la miseria y, a menudo, al cierre de su finca. Una dinámica que permite a la gran distribución

2. Según datos del Instituto Nacional de Estadística a finales de 2013.

el sometimiento del agricultor, que es extensible a otros proveedores, en una cadena de explotación de mayor a menor.

En los centros comerciales se sigue la misma política. La plantilla está sujeta a una estricta organización laboral neotaylorista caracterizada por ritmos de trabajo intensos, tareas repetitivas y rutinarias y con poca autonomía de decisión. Una situación que comporta la aparición de agotamiento, estrés y enfermedades laborales propias del sector como dolores crónicos de espalda y cervicales. Además, en las condiciones contractuales, priman las tablas salariales bajas y se introduce la «flexibilidad numérica» que permite a la empresa contar con un grupo de trabajadores temporales, con jornadas flexibles, que son utilizados para ajustar el número de personal a cada momento de la producción. Estas jornadas y horarios atípicos generan en los trabajadores afectados serias dificultades para conciliar su vida laboral con la personal y familiar perdiendo incluso el control sobre su tiempo de «no trabajo» al no contar con un horario estable (Barranco, 2007).

La política antisindical se da también a menudo, ya que se intenta evitar la creación de sindicatos de trabajadores a través de prácticas ilegales, dificultando el derecho a reunión, presionando psicológicamente a los trabajadores que se quieren organizar, discriminando a quienes son sindicalistas o a través de la creación de sindicatos amarillos controlados por la patronal. Una de las cadenas de distribución moderna que suma más abusos laborales es Wal-Mart, el gigante del sector, la empresa más grande del mundo, según la lista Fortune Global 500, y la multinacional con un mayor número de trabajadores en todo el planeta. Wal-Mart tiene una política de gestión de la mano de obra basada en el pago de salarios extremadamente bajos (un 20% inferiores a la media del sector en Estados Unidos), y una feroz estrategia antisindical que ha conseguido frenar casi todos los intentos de sindicalización en sus establecimientos en América del Norte (Antentas, 2007).

El impacto en el pequeño comercio, asimismo, es devastador. Si el año 1998 había en el Estado español 95.000 tiendas, en el 2004 esta cifra se había reducido a 25.000 (García y Rivera, 2007b). El comercio tradicional de alimentos ha sufrido una erosión constante en contraposición al auge de supermercados e hipermercados. Si tomamos el caso del «todopoderoso» Wal-Mart, se estima, según un estudio llevado a cabo en la Universidad del Estado de Iowa (Stone, 1997) en Estados Unidos, que los pequeños municipios pueden llegar a perder hasta el 47% del comercio local diez años después de la apertura de dichos establecimientos. Eso fue precisamente lo que les sucedió a los 34 municipios de entre 5.000 y 40.000 habitantes del estado rural de Iowa analizados en el estudio.

Otros trabajos apuntan en la misma dirección, aunque con matices. Según una investigación conjunta entre profesores de la Universidad del Estado de Iowa y la Universidad del Estado de Misisipi, la entrada de un nuevo supermercado en una comunidad puede tener consecuencias dramáticas para los comercios existentes, ya que las tiendas que vendan las mismas mercancías que estos verán reducidas drásticamente sus ventas, debido a la dificultad por competir con las grandes cadenas. En cambio, aquellos que distribuyan productos distintos u otros grandes supermercados pueden beneficiarse de esta apertura por el aumento del tráfico comercial (Stone, Artz y Myles, 2002).

Veamos algunas cifras que da el estudio en relación al impacto por el establecimiento de varios Wal-Mart en el estado de Misisipi. Al analizar las consecuencias en los negocios de comestibles previamente existentes, se constataba la alta capacidad de dichos supermercados para «capturar» su clientela. En concreto, estas tiendas perdían un 10% de sus ventas el primer año de apertura de un Wal-Mart y hasta casi el 20% cinco años después. Los municipios en los que Wal-Mart no se instalaba mantenían sus beneficios estables. Los comercios de muebles, los de decoración del hogar, las tiendas de regalos, las de deportes u otras que vendían artículos diversos también salían perdiendo con una reducción de sus ingresos. Las conclusiones de la investigación eran rotundas: «Los resultados del estudio muestran claramente cómo los beneficios de los supermercados Wal-Mart equivalen a las pérdidas de los comercios anteriormente existentes en esas áreas» (Stone, Artz y Myles, 2002).

Lavarse la cara

Frente a los impactos negativos que les son atribuidos, la gran distribución diseña una estrategia de lavado de imagen con tintes verdes y solidarios. De este modo, en los últimos años han proliferado en los estantes de sus establecimientos productos ecológicos y de comercio justo. Una estrategia que ha despertado las críticas de un sector del movimiento por un consumo ecológico y del comercio justo.

En el Estado español, cadenas como Carrefour, Alcampo y Eroski son algunas de las que más esfuerzo han dedicado a dotarse de una imagen «equitativa y responsable» a partir de la comercialización de dichos artículos. Sin embargo, a pesar de la introducción de productos etiquetados como «justos» y «ecológicos» en sus lineales, las prácticas comerciales de estas cadenas no han cambiado y dejan mucho que desear. El comercio justo y ecológico es utilizado como un instrumento de limpieza de imagen, tras el cual se esconden graves impactos en el medio ambiente, la comunidad, los derechos de los trabajadores, el comercio local (Vivas, 2007b).

La mayoría de las grandes cadenas de distribución cuentan con fundaciones propias o se integran en otras impulsadas desde el sector, con el objetivo de promover una imagen «socialmente responsable». El gigante de la gran distribución, Wal-Mart, cuenta con la Wal-Mart Foundation, desde la cual financia sobre todo actividades en el ámbito local. Casualmente es en este ámbito donde su imagen está más deteriorada, debido a unas prácticas antisindicales que precarizan la mano de obra y unas políticas desleales en la fijación de los precios de los productos que acaban con el pequeño comercio.

En la misma línea, podríamos citar el ejemplo de otras grandes cadenas como Carrefour con la Fundación Solidaridad Carrefour, Eroski con la Fundación Eroski o Alcampo que no cuenta con una fundación propia pero que forma parte de la Fundación Empresa y Sociedad, a la que pertenecen otras multinacionales de brillante expediente «solidario» como BBVA, Nike, Novartis, Telefónica-Movistar, Iberdrola, Inditex, La Caixa, El Corte Inglés, Sol Melià, Repsol y Unión Fenosa, por citar solo algunas.

Atención, pues, que no nos vendan la moto.

Gran Hermano en el supermercado

Asociamos la compra en el supermercado a modernidad, autonomía, libre elección, no obstante hay pocos lugares en el mundo que formen parte de nuestra vida cotidiana tan controlados y monitoreados como dichos establecimientos. Tras nuestra adquisición, si bien no lo parece, hay mucho en juego. De aquí que en un supermercado nada quede al azar. Todo está pensado para que compremos, y cuanto más mejor.

Un laboratorio llamado «súper»

Llegamos al «súper» y unos carteles, en general de colores claros, nos dan la bienvenida animándonos a entrar, a menudo acompañados de ofertas reclamo que anuncian precios muy baratos. Cogemos el carrito de la compra, tan grande que mucho hay que llenarlo para que no parezca vacío, y empezamos la búsqueda de lo que necesitamos por innumerables pasillos con estanterías rebosantes de productos. El carro por más que lo lleves recto siempre gira de cara al estante y allí ves, como quien no quiere la cosa, un nuevo artículo que no esperabas y lo sumas al pedido.

Necesitas leche y yogures, y toca atravesar todo el centro comercial para conseguirlos. ¿Por qué pondrán siempre lo que más hace falta al final del establecimiento? De camino, un hilo de música con ritmo suena de fondo, ni lo escuchas, sin embargo allí está animándote a comprar. Miras precios y no entiendes porque nunca los importes son redondos, siempre acaban con decimales, haciendo muy difícil la comparación entre unos y otros. Suerte que te fijas en todos aquellos que acaban en nueve, y así ahorras un poco. Aunque tal vez tampoco haya tanta diferencia entre pagar un céntimo más o menos. Eso sí, el producto parece más barato.

Toca pararse, dos carritos con gente comprando en medio. Y me pregunto, ¿por qué harán los pasillos tan estrechos? En fin. Aprovecho para mirar a un estante y a otro y allí está esa bolsa de patatas fritas que no me conviene mirándome de frente. Va, no vendrá de aquí... ¡al carro! Avanzo ahora buscando el paquete de arroz que necesito, pero ya lo han cambiado otra vez de lugar. No entiendo por qué periódicamente mueven las cosas de sitio. Cuando ya me sé la ruta de memoria, me toca de nuevo dar mil vueltas antes de encontrar lo que necesito. Eso sí, al reaprender el camino descubro nuevos productos con los que antes ni me había fijado.

Solo me queda coger el detergente. En la droguería y a la altura de los ojos veo esa marca que dicen por la «tele» deja la ropa tan limpia. Tomo el envase y, por casualidad, miro el precio... ¡qué caro! Devuelvo la unidad. Observo arriba y abajo en la estantería y allí encuentro otra marca menos conocida pero más económica. Me agacho y la agarro. ¿Por qué la pondrán en un lugar más difícil de coger? Llega el momento de pasar por caja. En la cola y aburrida por la espera veo esos chocolates, caramelos, golosinas... y a solo un palmo. Imposible decir «no». Venga, un día es un día, a la cesta.

Analizando mi «recorrido» me planteo ¿cuántas cosas he comprado que no necesitaba? ¿He adquirido los productos que me interesaban? Se calcula que entre un 25% y un 55% de nuestra compra en el supermercado es compulsiva, fruto de estímulos externos. Lo metemos en el carro a pesar de que no nos haga falta. Y al pasar ante una estantería, un 20% compramos antes la marca que se encuentra a la altura de los ojos que otra cualquiera, solo por comodidad, aunque esas otras sean más baratas. Sin ser conscientes, somos conejillos de indias en un gran laboratorio llamado «súper».

Sonríe, te graban

Nuestros movimientos en un supermercado nunca pasan desapercibidos, una cámara u otra, colocada aquí o allá, lo registra todo. No obstante, ¿qué se hace con esas imágenes? ¿Sabemos cuándo nos están grabando? ¿Podemos acceder a esas filmaciones? El profesor Andrew Clement de la Universidad de Toronto y fundador del Instituto de Identidad, Privacidad y Seguridad señala nuestra indefensión ante estas prácticas. Según un estudio llevado a cabo por su equipo en Canadá, ninguna de las cámaras colocadas en los mayores centros comerciales canadienses cumple los requisitos de señalización a los que obliga la Ley (Brosnahan, 2012). Aquí, en Europa tampoco tenemos ni idea de qué ni cómo ni cuándo graban ni qué hacen con las imágenes.

La cadena de supermercados Lidl protagonizó uno de los mayores escándalos cuando en 2008 se descubrió que espiaba sistemáticamente a sus trabajadores en varios establecimientos de Alemania mediante minicámaras colocadas en lugares estratégicos. Cada lunes, según destapó el semanario alemán *Stern*, un equipo de detectives instalaba entre cinco y diez cámaras a petición de su dirección con el pretexto de evitar robos. Sin embargo, dichas cámaras servían para controlar a los trabajadores, grabar sus conversaciones y elaborar detallados perfiles personales. No se trata de un caso aislado. Su competidora Aldi fue acusada en 2013 de espiar a sus empleados en varios supermercados de Alemania y Suiza mediante cámaras ocultas, según filtró la revista alemana *Spiegel.*

Aquí, la Agencia Española de Protección de Datos abrió un proceso sancionador a Alcampo por espiar a su plantilla. A finales de 2007, Alcampo instaló en secreto en un hipermercado de Ferrol tres cámaras ocultas en espacios reservados al personal. Semanas después, utilizó el contenido de dichas cintas para despedir a un empleado y sancionar a otros 11.

Los consumidores somos asimismo objeto de *voyeurismo*. Lo último lo estrenó la cadena de supermercados Tesco a finales de 2013 en Gran Bretaña. La empresa instaló en 450 gasolineras cámaras pequeñas con el objetivo de escanear el rostro de sus clientes en la cola del establecimiento a fin de detectar su edad y sexo y ofrecerles a través de unos monitores instalados en el mismo lugar la publicidad más acorde a sus perfiles. La película de ciencia ficción *Minority Report* de Steven Spielberg hecha realidad, aunque los anuncios personalizados a partir de la lectura de la retina, como salía en el film, parece no tendrán que esperar a 2054.

Nuestra vida en una tarjeta

«¿Tiene tarjeta cliente?» ya es un ritual que nos lo pregunten al pasar por caja. Y si no la tienes, nos ofrecen un mar de ventajas, descuentos y recompensas para que la adquiramos. De este modo, corremos a rellenar el formulario, apuntando todos nuestros datos, sin apenas leer lo que firmamos, para poder acceder cuanto antes a tan fantásticas promociones. Sin embargo, ¿qué sucede con la información que damos? ¿Quién la usa? ¿Para qué fines? Esto es algo que no nos cuentan al registrarnos.

Los supermercados son los reyes de las tarjetas de fidelización. Nos ofrecen regalos, descuentos, puntos... si una vez y otra y otra y otra pasamos por su caja. Más allá de contar con nuestra fidelidad, las empresas de la gran distribución buscan, mediante estas tarjetas cliente, conocerlo todo o casi todo de nuestra vida privada: quiénes somos, qué edad tenemos, estado civil, preferencias, *hobbies*. Al margen de lo que dice la ficha que rellenamos, las compras periódicas que realizamos quedan, a partir de entonces, registradas para siempre en nuestro archivo: si nos gusta o no el chocolate, si preferimos la carne al pescado, qué café, pastas, bebidas, conservas, verduras... tomamos. Lo saben todo.

Las compañías almacenan estos datos y los utilizan para mejorar sus ventas. Así, conocen quién consume qué y cuándo, pudiendo realizar exhaustivos perfiles de sus compradores. A partir de ese momento, nos ofrecen a través de publicidad varia todo aquello que «necesitamos» y lo compramos encantados. Nuestra vida privada en manos de las empresas se convierte en una nueva fuente de negocio. Nosotros, ni nos enteramos.

El rastro de lo que compramos

Dicen que comprar en el supermercado del futuro será más práctico, cómodo, ágil, rápido y no tendremos que hacer colas ni pasar por caja. Todo gracias, entre otros, a la tecnología de identificación por radiofrecuencia o etiquetas RFID. Unas etiquetas que contienen un microchip y que registran información detallada sobre la «vida» del producto en el que se encuentran. Son como un número de serie único que almacena y emite, a través de una antena, datos específicos sobre ese artículo.

Así, en un mañana no tan lejano podremos entrar en un supermercado, coger un carrito de la compra «inteligente», cargarle en su base de datos la lista de lo que queremos comprar, dejar que nos guíe al encuentro de dichos productos, darnos información sobre ellos e ir calculando el total que llevamos gastado. Y al salir, no será necesario pasar por caja, al llevar cada producto una de estas etiquetas incorporadas, una antena receptora los identificará y el total nos será cargado directamente en nuestra cuenta... y sin hacer cola. ¿Qué más podemos pedir?

El problema reside, como han señalado grupos de consumidores en Estados Unidos, como CASPIAN (Consumidores contra la Invasión de la Privacidad de los Supermercados) y EPIC (Centro de Información sobre Privacidad Electrónica), en el control que estos sistemas ejercen sobre las personas. Nadie evita, por ejemplo, que dichas etiquetas puedan continuar acumulando información una vez fuera del supermercado, siguiendo cada uno de los pasos de los productos y de nosotros como consumidores.

Hoy, encontramos estas etiquetas RFID en algunos artículos de los supermercados, las cuales conviven con los tradicionales códigos de barras. Su coste limita de momento y en parte una mayor generalización. Aunque, según la Agencia Española de Protección de Datos y el Instituto Nacional de Tecnologías de la Comunicación (2010) cada vez es más frecuente encontrarlas en el etiquetado de prendas de ropa y calzado así como en sistemas para la identificación de mascotas, tarjetas de transporte, pago automático en peajes, pasaportes, entre otros, poniendo en riesgo nuestra privacidad.

Nos quieren hacer creer que los centros comerciales son sinónimo de libertad. Ahora, Caprabo apela, en su publicidad, al «librecomprador» que llevamos dentro. «Te lo damos todo para que seas libre de escoger lo que más te gusta» dice. Sin embargo, la libertad de escoger no está en el supermercado sino fuera de él.

¿Los supermercados crean empleo?

La apertura de un gran centro comercial, un supermercado... siempre va asociada a la promesa de creación de empleo, dinamización de la economía local, precios accesibles y, en definitiva, a progreso. ¿La realidad es así? La gran distribución comercial se sustenta en una serie de mitos que a menudo su práctica desmiente.

La Asociación Nacional de Grandes Empresas de Distribución (ANGED), la patronal de la gran distribución, que agrupa a compañías como Alcampo, El Corte Inglés, FNAC, Carrefour, Ikea, Eroski, Leroy Merlin, entre otras, impuso a principios de 2013 un nuevo y duro convenio a sus 230.000 empleados. Con su aplicación, trabajar un domingo ya es equivalente a trabajar un día entre semana, y aquellos que hasta el momento estaban exentos por motivos familiares ahora están obligados a cumplirlos. De tal modo, que se dificulta, aún más si cabe, la conciliación entre la vida personal y la laboral, en un sector donde la mayor parte de su plantilla son mujeres.

Trabajar más por menos

Además, con el nuevo convenio se aplica la regla de oro del capital: trabajar más por menos, ampliando la jornada laboral y bajando el sueldo. Asimismo, si las ventas caen por debajo de las de 2010, los salarios pueden ser recortados hasta un 5%. Llueve sobre mojado en un sector ya de por sí extremadamente precario. La ANGED, por su parte, considera que «el convenio refleja el esfuerzo de empresas y trabajadores para mantener el empleo».

Pero, ¿qué clase de empleo fomentan supermercados, cadenas de descuento e hipermercados? La respuesta es fácil: jornadas laborales flexibles, contratos a tiempo parcial, salarios bajos y tareas rutinarias y repetitivas. Y, ¿qué ocurre si decides organizarte en un sindicato y luchar por tus derechos? Que si tienes un contrato en precario, más vale que te vayas despidiendo de tu trabajo. Wal-Mart, el «coloso» de la gran distribución, es el ejemplo por antonomasia (Antentas, 2007). Su eslogan «Siempre precios bajos» quizá podría sustituirse por el de «Siempre sueldos bajos».

A principios de 2013, también, Caprabo anunció su voluntad de despedir a 400 trabajadores, no aplicar la subida salarial pactada y recortar hasta un 20% los sueldos de parte de su plantilla. ¿La culpable? La «previsible» caída de ventas y la crisis. Un año antes, curiosamente, la empresa había declarado que sus beneficios aumentaron un 12% en relación al ejercicio anterior. Santa crisis rescata de nuevo a la empresa.

El fin del comercio local

Visto lo visto, supermercados y creación de empleo parecen, más bien, un oxímoron. Son varios los estudios que señalan como la apertura de estos establecimientos implica el cierre de tiendas y el declive del comercio local y, en consecuencia, la pérdida de puestos de trabajo. En concreto, una investigación sobre el impacto de Wal-Mart en el mercado de trabajo local concluía que por cada puesto de trabajo creado por Wal-Mart se destruían 1,4 empleos en los negocios preexistentes (Neumark, Zhang y Ciccarella, 2005). En el Estado español, desde los años ochenta y en la medida en que la distribución moderna se consolidaba, el comercio tradicional sufría una erosión constante e imparable llegando a ser a día de hoy casi residual. Si en el año 1998 existían 95.000 tiendas, en 2004 esta cifra se había reducido a 25.000 (García y Rivera, 2007b).

Si desaparece el pequeño comercio disminuyen también los ingresos en la comunidad, ya que la compra en una tienda de barrio, a diferencia de la compra en una gran superficie, repercute en mayor medida en la economía local. Según un estudio de Amigos de la Tierra en Gran Bretaña, un 50% de los beneficios en el comercio a pequeña escala retorna al municipio, normalmente a través de la compra de productos locales, salarios de los trabajadores y dinero gastado en otros negocios, mientras que las empresas de la gran distribución reinvierten tan solo un escuálido 5% (Friends of the Earth, 2005a).

Aquí no acaban las consecuencias negativas que la gran distribución tiene para aquellos que participan en la cadena de producción, distribución y consumo. Desde los campesinos, que son los que más pierden con las grandes superficies, obligados a acatar unas condiciones comerciales insostenibles y que les condenan a la desaparición, hasta consumidores empujados a comprar por encima de sus necesidades productos de mala calidad y no tan baratos como parecen, hasta un tejido económico local que se fragmenta y descompone son algunos de sus impactos. Este es el paradigma de «desarrollo» que promueven los supermercados.

La otra cara de Mercadona

Mercadona no es solo una cadena de supermercados, es mucho más. Mercadona significa poder. Al frente, su fundador y presidente Juan Roig. Sin embargo, más allá de la imagen de empresa familiar, que crea empleo en tiempos de crisis, que cuida de la plantilla, su trastienda esconde una realidad poco conocida, y aún menos publicitada: financiación partidista, explotación laboral, desaparición del pequeño comercio, ahogo del campesinado, alimentos kilométricos. Esta es la otra cara de Mercadona.

Ni la crisis ha sido impedimento para que Juan Roig, «un hombre hecho a sí mismo» —como le gusta presentarse—, se haya consolidado como una de las principales fortunas del Estado español, situándose en el cuarto puesto del *ranking* de los más ricos, según la revista Forbes, por detrás de los propietarios de los imperios Inditex (Amancio Ortega y Sandra Ortega, en el número uno y dos respectivamente) y Mango (Isak Andic, en tercera posición). Un patrimonio que él atribuye a la «cultura del esfuerzo», a la que acostumbra a apelar. Su receta para salir de la crisis es sencilla, solo se trata de una cuestión de esfuerzo: «La crisis durará más o menos años dependiendo de si cambiamos nuestra actitud y pensamos más en nuestros deberes y menos en nuestros derechos» (Jiménez, 2012). Aceptar la reforma laboral, imagino, debe formar parte de este esfuerzo.

Mercadona ha sabido sacar como ningún otro supermercado partido de la crisis. Desde 2008, sus ganancias han aumentado un 58%, consolidándose como el número uno de la gran distribución alimentaria. En 2011, su cuota de mercado era casi del 24%, un total superior al que sumaban conjuntamente sus tres principales rivales: Carrefour, Eroski y Dia (Segura, 2012). ¿La «receta mágica»? Según la empresa: siempre precios bajos, comercio de proximidad, etc. Empero, hay una parte de la «receta» que suele olvidar.

Juan Roig comparecía en febrero de 2014 en la Audiencia Nacional por los «papeles» de Bárcenas, la «presunta» contabilidad B del Partido Popular (PP). Unos «papeles» que señalaban al magnate de los supermercados y apuntaban a supuestas donaciones de Mercadona al PP por valor de 240.000 euros. Juan Roig, ante el juez Pablo Ruz, lo negó todo. Aunque, admitió donativos a la Fundación para el Análisis y los Estudios Sociales (FAES), del expresidente José María Aznar, por un valor de 100.000 euros en 2005 y 2012, y otra de cantidad similar a la la fundación Mujeres por África, de la exvicepresidenta del Gobierno por el PSOE María Teresa Fernández de la Vega. Así, todos contentos. Juan Roig declaró haberse reunido «cinco o seis veces» con el presidente del Gobierno Mariano Rajoy. No en vano, se trata del tercer empresario más influyente, detrás de Emilio Botín, recientemente fallecido, y Amancio Ortega (Ipsos, 2014).

«Modelo alemán»

Mercadona ha hecho siempre gala de contratos estables, salarios por encima de la media del sector, formación y apuesta por la conciliación entre vida familiar y laboral. No obstante, el mismo *The Wall Street Journal* alababa el «modelo alemán» de la empresa y lo consideraba la clave de su éxito: condiciones de trabajo flexibles y salarios ligados a la productividad (Ball y Brat, 2012). Lo que no parece lo más adecuado para conciliar la vida personal con el trabajo ni lo mejor para una remuneración estable. De hecho, el mismo Juan Roig, como presidente del Instituto de la Empresa Familiar, que agrupa a un centenar de empresas líderes en su sector, ha exigido reiteradamente la «necesaria» flexibilización del mercado laboral, la reducción del coste del despido, el retraso de la edad de jubilación a los 67 años, el traslado de los festivos entre semana a los lunes a fin de evitar «los puentes» y la desvinculación de la subida salarial al aumento del IPC (Lafont, 2006). Todo claro, pensando en los trabajadores.

Las denuncias a Mercadona por abusos laborales son múltiples y vienen de lejos: despidos improcedentes, política antisindical, presión extrema sobre la plantilla, dificultades para obtener la baja, acoso (Llopis, 2014a). En 2006, empezó un largo conflicto en el Centro Logístico de Sant Sadurní d'Anoia, encargado del abastecimiento de los supermercados de Catalunya, Aragón y Castelló, cuando varios mozos de almacén comenzaron un proceso de autoorganización frente a los atropellos de la empresa con el apoyo del sindicato CNT. La respuesta de Mercadona no se hizo esperar: tres empleados a la calle. Esto desencadenó una larga huelga de marzo a septiembre de 2006 (Antentas y Vivas, 2007). Muchos otros son los casos que se podrían contar. Solo añadiremos uno más: el de Francisco Enríquez, siete años en un Mercadona en Málaga, despedido en octubre de 2013 tras ser elegido delegado sindical de CGT (Llopis, 2014b). A menudo, la realidad desmiente el *marketing*.

Adiós fruteros

La desaparición del pequeño comercio es otro de los «daños colaterales» de la proliferación de los supermercados. Desde Mercadona afirman que allá donde se instala uno de sus establecimientos se desarrollan varias tiendas a su alrededor, sin embargo yo diría que se instalan muy a su pesar. Y no se trata de cualquier tipo de tienda sino de fruterías que aprovechan el insípido y envasado producto fresco que vende Mercadona para ofrecer una alternativa a los clientes de la cadena. El propio Juan Roig lo dejaba claro al afirmar que alrededor de cada Mercadona «no hay ningún colmado pero hay ocho fruterías». Y añadía: «Sin ir a Harvard sino a 'Harvacete', los fruteros son más listos que nosotros» (Zafra, 2013a). ¿Cuál es su objetivo ahora? Ni colmados ni fruterías en las inmediaciones de Mercadona. La empresa lanzó a finales de 2013 una nueva estrategia para vender directamente productos frescos.

Campesinos, ganaderos y proveedores tampoco están muy satisfechos con Mercadona. Sindicatos agrarios como COAG (2009) han denunciado cómo el proceso de concentración de los supermercados favorece su enriquecimiento a costa de la reducción de ingresos de agricultores y ganaderos. En junio de 2013, campesinos canarios concentrados a las puerta de un Mercadona en Las Palmas de Gran Canaria regalaron ocho toneladas de patatas para denunciar los precios de miseria que les pagaba el supermercado, por debajo del gasto de producción. Según COAG Canarias, las grandes cadenas de distribución entran en «guerras de precios» para ganar cuota de mercado y esto «lo paga los que están al principio de la cadena» (COAG, 2013c).

No se trata de un caso puntual. La Unións Agrarias y la Asociación Sectorial de Criadores Avícolas de Galicia denunciaron en agosto de 2013 ante el Consello Galego da Competencia cómo siete supermercados vendían el pollo por debajo del coste de producción y prácticamente al mismo precio. La Unións Agrarias acusaba directamente a Mercadona de «liderar» el pacto de precios: «Si Mercadona varía diez céntimos el precio, las demás superficies no tardarán en hacerlo». Lo que pone en una situación «muy difícil» añadían, a las casi 800 granjas existentes en Galicia (Domínguez, 2013). Juan Roig dice que Mercadona quiere «dignificar el trabajo del agricultor, pescador y ganadero de nuestro país» y defiende que «ganaderos y agricultores tienen que ganar dinero» (Zafra, 2013b). Las palabras se quedan en papel mojado.

Alimentos «viajeros»

Los alimentos en Mercadona, ¿de dónde vienen? Un informe de Amigos de la Tierra señala que si los alimentos que compramos llevaran un contador, la media de kilómetros recorridos antes de llegar a nuestro plato sería de 5.000 (González, 2012). Mercadona, la mayor cadena de supermercados, no es una excepción. El sindicato COAG denunció en marzo de 2009 el acuerdo entre Mercadona y la empresa portuguesa Sovena, cuyo principal accionista es uno de los yernos de Juan Roig, para plantar olivar y producir aceite de oliva en Portugal y el norte del Magreb, deslocalizando la producción.

Y es que ni la famosa orxata valenciana parece ser ya de Valencia. La Unió de Llauradors (2013) destapó en 2013 que la orxata comercializada en Mercadona no llevaba el distintivo de Denominación de Origen, con lo cual muy probablemente la xufa original venía de África, con la consiguiente explotación laboral de sus productores y el impacto medioambiental de dichos alimentos «viajeros».

Mercadona lo negó, pero no pasó a etiquetar sus productos con esta denominación, como sí hacen otros supermercados, por lo tanto el origen de la xufa es desconocido. Asimismo, se han detectado en Mercadona naranjas etiquetadas como valencianas aunque con origen en Argentina, calabazas de Panamá, pescado congelado africano o de América del Sur, así como otros productos con muchos kilómetros a sus espaldas.

Mercadona invierte miles de euros en cuidar su imagen. «Supermercados de confianza» nos dice. ¿Seguro?

X. HAY ALTERNATIVAS

Soberanía alimentaria: poder decidir qué se come

«Comer: masticar y desmenuzar el alimento en la boca y pasarlo al estómago», según la definición de la Real Academia Española. Comer, sin embargo, es mucho más que tragar alimentos. Comer de manera sana y consciente implica preguntarse de dónde viene lo que consumimos, cómo se ha elaborado, en qué condiciones, porque pagamos un determinado precio. Significa tomar el control sobre nuestros hábitos alimentarios y no delegar. O en otras palabras, ser soberanos, poder decidir, en cuanto a nuestra alimentación. Esta es la esencia de la soberanía alimentaria.

Una propuesta que surge ante la ineficacia y el mal funcionamiento del sistema agrícola y alimentario, del cual el hambre en un mundo donde hay comida para todos es el máximo exponente. Hoy, el modelo agroalimentario está secuestrado por los intereses de un puñado de empresas del agronegocio y la gran distribución que buscan únicamente hacer dinero con algo tan esencial como es la comida. Ante este despropósito, emerge la idea de la soberanía alimentaria: el poder y la capacidad de decisión también en las cosas del comer tiene que estar en manos de la mayoría.

Un derecho de los pueblos

La soberanía alimentaria implica reivindicar el derecho de cada pueblo a definir sus políticas agrícolas y alimentarias, a controlar su mercado doméstico e impedir la entrada de productos excedentarios y subvencionados de la agroindustria que vienen de otros países y que compiten deslealmente con los alimentos locales. Se trata de apostar por una agricultura de proximidad, diversa, campesina, sostenible, adecuada culturalmente a su entorno y que respete el territorio, entendiendo el comercio internacional como un complemento a la producción local. La soberanía alimentaria implica devolver el control de los bienes naturales, de aquello que nos da de comer, a los pueblos y luchar contra la privatización de la vida.

El *leitmotiv* de la soberanía alimentaria reside en el «poder decidir»: que los agricultores puedan escoger qué cultivan, que tengan acceso a la tierra, al agua, a las semillas, y que los consumidores poseamos toda la información sobre lo que comemos, que sepamos cómo se ha elaborado, si contiene ingredientes transgénicos o no, etc. Todo esto en la actualidad resulta imposible. Se especula con la tierra, se privatizan las semillas, el agua es cada día más cara, con el etiquetado de un producto apenas sabemos qué nos llevamos a la boca, el Estado español es una de las principales zonas de cultivo de transgénicos en Europa. La lista podría continuar.

Fue en 1996, cuando el movimiento internacional de agricultores de La Vía Campesina puso por primera vez sobre la mesa la demanda de la soberanía alimentaria, coincidiendo con la Cumbre Mundial sobre la Alimentación de la FAO en Roma. La Vía definió formalmente este concepto como «el derecho de cada nación a mantener y desarrollar sus alimentos, teniendo en cuenta la diversidad cultural y productiva» (Desmarais, 2008). En definitiva, tener soberanía plena para decidir qué se cultiva y qué se come. Las políticas agrícolas y alimentarias actuales no lo permiten. En cuanto a la producción, muchos países se han visto obligados a abandonar su diversidad agrícola a favor de monocultivos para la exportación, que solo benefician a unas pocas empresas. A nivel comercial, su soberanía está supeditada a los dictados de la Organización Mundial del Comercio, entre otras instituciones y tratados internacionales.

Más allá de la seguridad alimentaria

Desde los años setenta, el debate sobre el derecho a la alimentación había girado entorno a la demanda de seguridad alimentaria. Frente a los desequilibrios y límites del sistema agroalimentario mundial, en 1974, y coincidiendo con la crisis alimentaria de ese mismo año, la FAO acuñó la propuesta de seguridad alimentaria con el objetivo de defender el derecho y el acceso a la comida a toda la población del planeta.

En palabras de la FAO (1996b): «Existe seguridad alimentaria cuando todas las personas tienen en todo momento acceso físico y económico a suficientes alimentos inocuos y nutritivos para satisfacer sus necesidades alimenticias y sus preferencias en cuanto a los alimentos a fin de llevar una vida activa y sana». Una propuesta que pone el énfasis en la disponibilidad de alimentos, su accesibilidad, su utilización y la estabilidad en el subministro, pero que no cuestiona el dónde, el cómo ni quiénes los producen así como en manos de quiénes están los recursos naturales (el agua, la tierra, las semillas... que permiten el cultivo de la comida). En definitiva, se trata de un planteamiento que se puede enmarcar fácilmente en una visión neoliberal de las políticas agrícolas y alimentarias y en las políticas comerciales promovidas por la Organización Mundial del Comercio, al no cuestionar las causas estructurales de la pobreza y el hambre.

De este modo, el concepto de seguridad alimentaria ha sido a menudo desposeído de su significado original y la industria agroalimentaria así como las instituciones internacionales lo han utilizado para justificar la exportación de alimentos subvencionados de Estados Unidos o de la Unión Europea a países del Sur, con el objetivo «teórico» de acabar con el hambre en estos últimos. Sin embargo, estas prácticas, como hemos visto en capítulos anteriores, lejos de solucionar los problemas agrícolas y alimentarios en el Sur los agudizan.

Ante la constatación de que el concepto de seguridad alimentaria no representaba un paradigma alternativo a la agroindustria y a las políticas neoliberales, emergió la propuesta de la soberanía alimentaria que incluía esta demanda e iba más allá. La soberanía alimentaria tiene por objetivo satisfacer la seguridad alimentaria de las personas, que todo el mundo pueda comer, a la vez que pone en cuestión el actual modelo de producción agroalimentaria (intensivo, industrial, deslocalizado, insostenible, kilométrico...), así como las políticas de las instituciones internacionales que lo sustentan. La soberanía alimentaria sitúa en el centro a los campesinos, apoyándoles en su lucha por producir alimentos al margen de las condicionalidades impuestas por el mercado, priorizando los circuitos locales y nacionales, rompiendo con el mito de que solo los mercados y el comercio internacional podrán acabar con el hambre en el mundo y colocando la producción de alimentos, la distribución y el consumo sobre la base de la sostenibilidad social, económica y medioambiental.

Ni romanticismos ni localismos

Pero, reivindicar la soberanía alimentaria no implica un retorno romántico a un pasado arcaico sino que se trata de recuperar el conocimiento y las prácticas tradicionales y combinarlas con las nuevas tecnologías y los nuevos saberes (Desmarais, 2008). No debe consistir tampoco en un planteamiento localista ni en una «mistificación de lo pequeño» sino en repensar el sistema alimentario mundial para favorecer formas democráticas de producción y distribución de alimentos. La propuesta de La Vía Campesina no busca un repliegue en «lo local», al contrario su objetivo es repolitizar un sistema globalizado de comida al servicio de las comunidades y lo colectivo desde una perspectiva internacionalista (McMichael, 2006).

En la actualidad, la demanda de soberanía alimentaria ya no se circunscribe, como en sus orígenes, únicamente al mundo campesino, sino que amplios sectores sociales, desde grupos de consumidores, organizaciones de mujeres, ecologistas, ONG, colectivos en defensa de un mundo rural, entre muchos otros, la reclaman. Alimentarse, y poder decidir cómo hacerlo, es cosa de todos.

Y, ¿cómo llevar esta soberanía alimentaria a la práctica? Muchas son las iniciativas sociales que apuestan desde la agroecología en esta dirección: grupos y cooperativas de consumo, huertos urbanos, cocina comprometida y de km0, compras directas y sin intermediarios a campesinos locales y ecológicos. Se trata de iniciativas que ponen en contacto a productores y consumidores, que establecen relaciones de confianza y solidaridad entre el campo y la ciudad, que fortalecen el tejido social, que promueven otras manera de producir en el marco de la economía social y solidaria, y que demuestran que hay alternativas.

El reto es hacer llegar esta soberanía alimentaria al conjunto de la población. Para ello son necesarios cambios políticos. Es urgente que se prohíba el cultivo de transgénicos que contamina la agricultura convencional y ecológica, hace falta un banco público de tierras que haga accesible el suelo a aquellos que quieren vivir y trabajar en el campo, es imprescindible una Ley artesana adecuada a las necesidades del pequeño artesanado, es clave reconvertir los comedores de centros públicos (escuelas, residencias, universidades, hospitales...) en comedores de cocina ecológica y de proximidad e introducir el «saber comer» en el curriculum escolar, entre otras propuestas.

La soberanía alimentaria es posible. Si queremos, podemos.

¿La agricultura campesina y ecológica puede alimentar al mundo?

La población mundial, se calcula, llegará en 2050 a los 9.600 millones de habitantes, según las Naciones Unidas (UN, 2013). Lo que significa, 2.400 millones más de bocas que alimentar. Ante estas cifras, se extiende un discurso oficial que afirma que para dar de comer a tantísimas personas es imprescindible producir más. Sin embargo, es necesario preguntarnos: ¿Hoy falta comida? ¿Se cultiva bastante para toda la humanidad?

Actualmente, en el mundo «se producen alimentos suficientes para dar de comer hasta 12.000 millones de personas, según datos de la FAO», afirmaba Jean Ziegler, relator especial sobre el Derecho a la Alimentación de las Naciones Unidas entre los años 2000 y 2008 (UN News Center, 2007). Y recordemos que el planeta, lo habitan 7.000 millones. A parte, cada día se tiran 1.300 millones de toneladas de comida a escala mundial, un tercio del total que se produce (FAO, 2012b). Tomando de referencia estos datos, de comida no falta.

Las cifras señalan que el problema del hambre no se debe a la escasez de alimentos, a pesar de que algunos se empeñen en afirmar todo lo contrario. El mismo Jean Ziegler lo decía: «Las causas del hambre son provocadas por el hombre. Se trata de un problema de acceso, no de sobrepoblación o subproducción» (UN News Center, 2007). En definitiva, es una cuestión de falta de democracia en las políticas agrícolas y alimentarias. De hecho, se estima que casi una de cada ocho personas en el mundo pasa hambre (FAO, 2013a). La aberración del hambruna es que se da en un planeta de la abundancia de comida.

Entonces, ¿por qué hay hambre? Porqué muchas personas no pueden pagar el precio cada día más caro de los comestibles, ya sea aquí o en los países del Sur. Los alimentos se han convertido en una mercancía y si no puedes costearlos antes se tiran que darlos para comer. Del mismo modo, no solo se producen cereales para alimentar a las personas sino también para los coches, como los agrocombustibles, y para los animales, la cría de los cuales necesita de mucha más energía y recursos naturales que si se alimenta, con dichos cereales, directamente a personas. Se elabora comida, pero una gran cantidad de la misma no acaba en nuestro estómago. El sistema de producción, distribución y consumo de alimentos está diseñado para dar dinero a aquellas empresas del agronegocio que monopolizan de origen a fin la cadena agroalimentaria. He aquí, la causa del hambre.

Por consiguiente, ¿por qué algunos siguen insistiendo en que hay que producir más? ¿Por qué nos dicen que hace falta una agricultura industrial, intensiva y transgénica que nos permita alimentar al conjunto de la población? Nos quieren hacer creer que las causas del hambre serán la solución, pero esto es falso. Más agricultura industrial, más agricultura transgénica, como ya se ha demostrado, significan más hambre. Hay mucho en juego cuando hablamos de comida. Las grandes empresas del sector lo saben bien. De aquí que el discurso hegemónico, dominante, nos diga que ellas tienen la solución a la hambruna mundial, cuando en realidad son quienes, con sus políticas, la provocan.

Otro paradigma agroalimentario

Visto lo visto, ¿qué podemos hacer? ¿Qué alternativas hay? Si queremos comer todos y comer bien, es necesario apostar por otro modelo de alimentación y agricultura. Antes, afirmábamos, que ahora hay comida suficiente para todo el mundo. Esto es así, con una dieta diferente, con mucho menos consumo de carne que la dieta occidental actual. Nuestra «adicción» a la carne, hace que necesitemos mayor cantidad de agua, cereales y energía para producir comida, para cebar al ganado, que si nuestra dieta fuese más vegetariana. Se calcula que un tercio de las tierras de cultivo y un 40% de la producción de cereales en el mundo se destina a alimentarlos

(Chemnitz y Becheva, 2014). Hacer compatible, la vida humana con los límites y recursos finitos del planeta tierra pasa también por cuestionarnos qué comemos.

A parte, otro tema se plantea, si se propone prescindir de una producción de alimentos industrial, intensiva, transgénica, ¿qué alternativa tenemos? ¿La agricultura campesina y ecológica puede alimentar al mundo? Cada vez son más la voces que dicen que «sí». Una de las más reconocidas es la de Olivier de Schutter, relator especial sobre el Derecho a la Alimentación de las Naciones Unidas, entre los años 2008 y 2014, quien afirmaba, en su informe *La agroecología y el derecho a la alimentación*, que «los agricultores pequeños podrían duplicar la producción de alimentos en una década si utilizaran métodos productivos ecológicos» y añadía «se hace imperioso aplicar la agroecología, para poner fin a las crisis alimentarias y ayudar a afrontar los retos vinculados a la pobreza y al cambio climático» (De Schutter, 2010).

Según de Schutter, la agricultura campesina y ecológica es más productiva y eficiente y garantiza mejor la seguridad alimentaria de las personas que la agricultura industrial: «La evidencia científica demuestra que la agroecología supera al uso de los fertilizantes químicos en el fomento de la producción de alimentos, sobre todo en los entornos desfavorables donde viven los más pobres» (Centro de Noticias ONU, 2011). El informe *La agroecología y el derecho a la alimentación*, a partir de la sistematización de datos de varios estudios de campo, lo dejaba claro: «En diversas regiones se han desarrollado y probado con excelentes resultados técnicas muy variadas basadas en la perspectiva agroecológica. [...] Tales técnicas, que conservan recursos y utilizan pocos insumos externos, tienen un potencial demostrado para mejorar significativamente los rendimientos» (De Schutter, 2010).

Uno de los principales estudios sobre esta cuestión, dirigido por Jules Pretty (2006) y citado en dicho informe, analizaba el impacto de la agricultura sostenible, ecológica y campesina en 286 proyectos de 57 países pobres, en un total de 37 millones de hectáreas (el 3% de la superficie cultivada en países en desarrollo), y sus conclusiones no dejaban lugar a dudas: la productividad de estas tierras, gracias a la agroecología, aumentó en un 79% y la producción media de alimentos por hogar creció en 1,7 toneladas anuales (hasta un 73%). Posteriormente, la Conferencia de las

Naciones Unidas sobre Comercio y Desarrollo y el Programa de las Naciones Unidas para el Medio Ambiente tomaron de nuevo estos datos para analizar el impacto de la agricultura ecológica y campesina en los países africanos. Los resultados aún fueron mejores: el aumento medio de las cosechas en los proyectos en África fue del 116% y en África Oriental del 128%. Otros estudios científicos, citados en el informe *La agroecología y el derecho a la alimentación*, llegaban a las mismas conclusiones.

Además, la agricultura ecológica y campesina no solo es altamente productiva, e incluso más que la agricultura industrial, especialmente en los países empobrecidos, sino que, como afirmaban los estudios anteriormente citados, cuida de los ecosistemas, permite «contener e invertir la tendencia en la pérdida de especies y la erosión genética» y aumenta la resiliencia al cambio climático. Asimismo, da mayor autonomía al campesinado: «Al mejorar la fertilidad de la producción agrícola, la agroecología reduce la dependencia de los agricultores de los insumos externos y de las subvenciones estatales» (De Schutter, 2010).

La agroecología suma apoyos

Otro importante informe que apunta en esta dirección son las conclusiones a las que llegó un de los principales procesos intergubernamentales que se hayan llevado a cabo para evaluar la eficacia de las políticas agrícolas: la Evaluación Internacional del papel del Conocimiento, la Ciencia y la Tecnología en el Desarrollo Agrícola (IAASTD, en sus siglas en inglés). Una iniciativa impulsada, en un primer momento, por el Banco Mundial y la FAO, y que contó con su patrocinio y el de otras organizaciones internacionales como el Fondo para el Medio Ambiente Mundial (FMAM), el Programa de las Naciones Unidas para el Desarrollo (PNUD), el Programa de las Naciones Unidas para el Medio Ambiente (PNUMA), la Organización de las Naciones Unidas para la Educación, la Ciencia y la Cultura (UNESCO) y la Organización Mundial de la Salud (OMS).

El objetivo de dicho proceso era evaluar el papel del conocimiento, la ciencia y la tecnología agrícola en la reducción del hambre y la pobreza en el mundo, la mejora de los medios de subsistencia en las zonas rurales y la promoción de un desarrollo ambiental, social y económico sostenible. La evaluación, que se llevó a cabo entre los años 2005 y 2007, contó con una dirección integrada por representantes de gobiernos, ONG, grupos de productores y consumidores, entidades privadas y organizaciones internacionales, con un claro equilibrio geográfico, quienes escogieron a 400 expertos mundiales para que llevaran a cabo dicho estudio, que incluía una evaluación mundial y cinco de regionales.

Sus conclusiones marcaron un punto de inflexión, ya que por primera vez un proceso intergubernamental de estas características, y patrocinado por dichas instituciones, realizaba una apuesta clara y firme por la agricultura ecológica y señalaba su alta productividad. En concreto, el informe afirmaba que «el aumento y el fortalecimiento de los conocimientos, la ciencia y la tecnología agrícola orientados a las ciencias agroecológicas contribuirán a resolver cuestiones ambientales, al tiempo que se mantiene y aumenta la productividad» (IAASTD, 2008).

Asimismo, consideraban que la agricultura ecológica era una alternativa real y viable a la agricultura industrial, que garantizaba mejor la seguridad alimentaria de las personas y que era capaz de revertir el negativo impacto medioambiental de esta última. El informe decía: «La huella ecológica de la agricultura industrial es ya demasiado grande como para ignorarla [...]. Las políticas que promueven una adopción más rápida de soluciones de eficacia [...] para la mitigación y la adaptación al cambio climático pueden contribuir a frenar o invertir esta tendencia y, al mismo tiempo, mantener una adecuada producción de alimentos. Las políticas que promueven prácticas agrícolas sostenibles [...] estimulan una mayor innovación tecnológica, como la agroecología y la agricultura orgánica para aliviar la pobreza y mejorar la seguridad alimentaria» (IAASTD, 2008).

Los resultados del IAASTD (2008) consideraban, igualmente, a la agricultura industrial e intensiva como generadora de «inequidades», la acusaban de «manejo insostenible del suelo o el agua» y de prácticas basadas en la «explotación laboral». La evaluación concluía que «las variedades de cultivos de alto rendimiento, los productos agroquímicos y la mecanización han beneficiado principalmente a los grupos dotados de mayores recursos de la sociedad y a las corporaciones transnacionales, y no a los más vulnerables». Unas afirmaciones inauditas hasta el momento en el panorama internacional por parte de instituciones y gobiernos.

Este informe, con dichas conclusiones, fue aprobado por las autoridades de 58 países en una asamblea plenaria intergubernamental en abril de 2008 en Johannesburgo, quienes mostraron su acuerdo y avalaron los resultados. Estados Unidos, Canadá y Australia, por su parte, se negaron a suscribir esta evaluación y mostraron reservas y disconformidades a la totalidad.

Los informes de Olivier de Schutter, relator especial de las Naciones Unidas para el derecho a la alimentación, y del IAASTD señalan sin ambigüedades la alta capacidad productiva de la agricultura campesina y ecológica, igual o superior, dependiendo del contexto, a la agricultura industrial. Al mismo tiempo, consideran que esta permite un mayor acceso a los alimentos por parte de las personas, al apostar por una producción y una comercialización local, y además, con sus prácticas, respeta, conserva y mantiene la naturaleza. El «mantra» de que la agricultura industrial es la más productiva y la única que puede dar de comer a la humanidad, se demuestra, en base a estos estudios, totalmente falso.

En realidad, no solo la agricultura campesina y ecológica puede alimentar al mundo sino que es la única capaz de hacerlo. No se trata de un retorno romántico al pasado ni de una idea bucólica del campo sino de hacer confluir los métodos campesinos de ayer con los saberes del mañana y democratizar radicalmente el sistema agroalimentario.

Comida ecológica en tiempos de crisis

A menudo asociamos comer ecológico con comer caro. Y en tiempos de recortes pensamos que no podemos gastar tanto dinero en alimentación. De hecho, se calcula que un 41% de las familias en el Estado español han modificado sus hábitos de consumo como consecuencia de la crisis, con el objetivo de ahorrar (CIS, 2011). Pero los alimentos ecológicos y de calidad no tienen porque ser necesariamente caros. Hay opciones para poder comprar ecológico y a buen precio: alimentos de temporada, de proximidad, compra directa a campesinos, mercados locales, grupos y cooperativas de consumo... Son alternativas que nos permiten comer bien y a precios asequibles.

Productos de temporada

Nos hemos acostumbrado a que si queremos podemos comprar nectarinas, uvas, fresas, melón... todo el año. Ya no sabemos si los tomates o las naranjas son cultivos de temporada o no. Hemos desaprendido los ritmos de producción de la tierra y nos hemos alejado del trabajo en el campo. Comprar productos que no son de temporada hace que acabemos pagando más por lo que comemos y obtengamos además un producto de peor calidad. Hay que volver a aprender a alimentarnos con los frutos que nos da la tierra en cada época del año. Que se explique en las escuelas cuándo es el tiempo de las cerezas, cuándo los árboles dan higos, cuándo encontramos judías en la huerta. Comprar alimentos ecológicos y de temporada nos permitirá comer bien y a un precio que no resultará caro.

Langostinos de Argentina, piña de Sudáfrica y espárragos del Perú, los alimentos viajan miles de kilómetros del campo al plato. Muchas veces se trata de una estrategia para producir barato, explotando derechos laborales y medioambientales, para luego vender el producto tan caro como a las multinacionales de la agroindustria les resulte posible. Algunos alimentos nos pueden resultar más económicos, otros no tanto. Una compra local y de proximidad no debe ser cara, aparte reduciremos el impacto ecológico de un modelo de alimentación kilométrico. ¿Qué sentido tiene que aquí comamos alimentos que vienen de la otra punta del mundo y que allí sus mercados estén «invadidos» por productos subvencionados del agronegocio, que se venden por debajo del precio de coste y hacen la competencia desleal a los campesinos autóctonos?

Compra sin intermediarios

La otra cuestión es dónde compramos. Pensamos que ir al supermercado nos saldrá barato, pero, a menudo, acabamos comprando más de lo que necesitamos: ofertas 3x2, descuentos, colocación estratégica para que llenemos la cesta sin pensar. Algunos productos se anuncian baratos, aunque suelen ser solo un reclamo para que cuando vayamos adquiramos otros que ya no lo son tanto. Comprar directamente al agricultor, en mercados locales, vía comercio electrónico o yendo a la finca son buenas opciones para saber de dónde viene lo que comemos, pagar el precio íntegro a quien lo ha cultivado y ahorrar dinero. Los grupos y las cooperativas de consumo, que en los últimos años han proliferado, son también una elección adecuada: personas de un barrio o de un municipio que se organizan para comprar alimentos ecológicos sin intermediarios al campesino, y obtener un producto de calidad y a un precio asequible.

Además, el consumo de carne en los últimos tiempos no ha parado de aumentar. Con una dieta más vegetariana, no solo reduciremos el impacto tan negativo que tiene la producción intensiva de carne en el medio ambiente —que genera gases de efecto invernadero, entre otros— y en nuestro organismo, sino que conseguiremos también rebajar el importe de la cesta. Más consumo de fruta y verdura ecológica es una buena alternativa, tanto económica como saludable, a una dieta excesivamente carnívora.

De este modo, comer ecológico no tiene porque salir caro, al contrario. Se trata de saber comer y comprar. Y hacerlo con criterios de justicia social y ecológica. No solo ganará nuestro bolsillo sino también nuestra salud, nuestra agricultura y nuestro planeta.

¿Quién tiene miedo a la agricultura ecológica?

La agricultura ecológica pone muy nerviosos a algunos. Así lo constatan, en los últimos tiempos, la multiplicación de artículos, entrevistas, libros que tiene por único objetivo desprestigiar su trabajo, desinformar acerca de su práctica y desacreditar sus principios. Se trata de discursos plagados de falsedades que, vestidos de una supuesta independencia científica para legitimarse, nos cuentan las «maldades» de un modelo de agricultura y alimentación que suma progresivamente más apoyos. Sin embargo, ¿por qué tanto esfuerzo en desautorizar dicha práctica? ¿Quién tiene miedo a la agricultura ecológica?

Cuando una alternativa cuaja socialmente dos son las estrategias para neutralizarla: la cooptación y la estigmatización. La agricultura ecológica es torpedeada por ambas. Por un lado, cada vez son más las grandes empresas y los supermercados que producen y comercializan estos productos para dar cobertura a un floreciente nicho de mercado y «limpiarse» la imagen, a pesar de que sus prácticas no tienen nada que ver con lo que defiende este modelo. Su objetivo: cooptar, comprar, subsumir e integrar esta alternativa en el modelo agroindustrial dominante, vaciándola de contenido. Por otro lado, la estrategia del «miedo»: estigmatizar, mentir y desinformar acerca de la misma, confundir a la opinión pública, para así desautorizar este modelo alternativo.

Y, ¿si alzas la voz en su defensa? Insultos y descalificaciones. Si un científico se posiciona en contra de la agricultura industrial y transgénica, es tachado de «ideológico». Como si defender este tipo de agricultura *mainstream* no respondiera a una determinada ideología, la de aquellos que se sitúan en la órbita de las multinacionales agroalimentarias y biotecnológicas, y que a menudo cobran de las mismas. Si un «no científico» la crítica, entonces, su problema es que no sabe, que es un ignorante. Según estos, parece que solo los científicos, y en particular aquellos que defienden sus mismos postulados, pueden tener una posición válida al respeto. Una actitud muy «respetuosa» con la diferencia. Otra práctica habitual es calificar a quien crítica de «magufo», sinónimo despectivo, según la jerga de esta «elite científica», de anticientífico. Se ve que defender una ciencia al servicio de lo público y lo colectivo implica estar en contra de la misma. Una argumentación de locos.

Veamos, a continuación, algunas de las afirmaciones más repetidos para descalificar y desinformar sobre la agricultura ecológica. Porque hay quienes creen que repetir mentiras sirve para construir una «verdad». Ante la calumnia, datos e información.

El peligro de los agrotóxicos

«La agricultura ecológica no es más sana ni mejor para el medio ambiente», dicen. Nos quieren hacer creer que una agricultura industrial, intensiva, que usa sistemáticamente productos químicos de síntesis en su producción, es igual a una agricultura ecológica que prescinde de los mismos. Increíble. Si las prácticas agroecológicas emergen es precisamente como respuesta a un modelo de agricultura que contamina la tierra y nuestros cuerpos.

Desde hace años, la retirada y prohibición de fitosanitarios, agrotóxicos, utilizados en la agricultura convencional ha sido una constante, después de demostrarse su impacto negativo en la salud del campesinado y los consumidores y en el medio ambiente. Quizá el caso más conocido sea el del DDT, un insecticida utilizado para el control de plagas desde los años cuarenta y que debido a su alta toxicidad ambiental y humana y escasa o nula biodegradabilidad fue prohibido en muchos países. En el año 1972, la Agencia de Protección Ambiental de Estados Unidos vetó su uso al considerarlo un «cancerígeno potencial para las personas». Otras agencias internacionales como el Programa de Naciones Unidas para el Medio Ambiente, la Agencia Internacional de Investigación en Cáncer, entre otras, han denunciado también dichos efectos. Aún así, quienes mantienen la afirmación inicial —aquí rebatida— se muestran todavía, y aunque pueda sorprender, partidarios del DDT, y lo siguen defendiendo, a pesar de todas las evidencias.

El DDT no es un caso aislado. Cada año, productos químicos de síntesis utilizados en la agricultura industrial son retirados del mercado por la Comisión Europea. Sin ir más lejos, en 2012 el Tribunal de Gran Instancia de Lyon concluyó que la intoxicación del campesino Paul François y las consiguientes secuelas en su salud fueron debidas al uso y manipulación del herbicida Lasso de Monsanto, que no informaba ni de la correcta utilización del producto ni de sus riesgos sanitarios (Bellver, 2012). La misma FAO afirma que el uso de pesticidas en la agricultura tiene efectos negativos en varios niveles: 1) En los sistemas acuáticos, ya que su alta toxicidad y la persistencia de químicos degrada las aguas. 2) En la salud humana, pues la inhalación, la ingestión y el contacto con la piel de dichos productos químicos incide en el número de casos de cáncer, deformidades congénitas, deficiencias en el sistema inmunitario, mortalidad pulmonar. 3) En el medio ambiente, con la muerte de organismos, generación de cánceres, tumores y lesiones en animales, a través de la inhibición reproductiva, y la disrupción endocrina, entre otros (Ongley, 1996). ¿Qué fitosanitarios serán prohibidos mañana? Imposible saberlo. ¿Hasta cuándo seguiremos siendo cobayas?

Jugando con la salud de los países del Sur

Capítulo a parte merece analizar el impacto de dichos agrotóxicos en la salud de las comunidades cercanas a las plantaciones donde se aplican. Innumerables han sido los casos reportados, especialmente en países del Sur donde su uso es más permisivo. En Argentina, tenemos el documentadísimo caso de las Madres de Ituzaingó,[1] en Córdoba, en pie de guerra contra las fumigaciones en las plantaciones sojeras alrededor de su comunidad, y responsables del alto número de casos de cáncer, malformaciones en recién nacidos, anemia hemolítica... que afectan a su población. En 2012, la Camara I del Crimen de Córdoba les dio la razón al sentenciar que la fumigación con agrotóxicos era delito y sus autores fueron condenados por contaminación dolosa (Aranda, 2009). En varios países centroamericanos, el uso sistemático del Dibromo cloropropano (DBCP) en plantaciones de la Standard Fruit Company, de Dole Food Corporation Inc. y de Chiquita Brands International fue el responsable de provocar en sus trabajadores centenares de muertes, cánceres, deficiencias mentales, malformaciones genéticas, esterilidad y dolores por todo el cuerpo. A pesar de que en 1975, la Agencia de Protección Ambiental de Estados Unidos consideró al DBCP un posible agente cancerígeno, las multinacionales bananeras lo siguieron utilizando (Boix, 2007). La lista podría continuar con casos de comunidades afectadas por el uso de agrotóxicos en India, Tailandia, Paraguay y muchos otros países (Adithya, 2009; Torres y Capote, 2004; Arias et al., 2006). La agricultura industrial genera enfermedad y muerte, los datos así lo demuestran. Quién lo niegue, miente.

Si hablamos de alimentación y salud es necesario referirse también al negativo impacto de algunos aditivos alimentarios (aromatizantes, colorantes, conservantes, antioxidantes, edulcorantes, espesantes, potenciadores del sabor, emulsionantes...) en nuestro organismo. Está claro que desde los orígenes de la comida existen métodos para conservarla, y es fundamental que así sea, sino ¿qué comeríamos? Pero, el desarrollo de la industria alimentaria ha generalizado el uso de aditivos químicos de síntesis para adaptar la comida a las características de un mercado kilométrico (donde los alimentos viajan distancias enormes del campo al plato), consumista (potenciando el color, el sabor y el aroma de lo que comemos para hacerlo más apetecible y atractivo) y que endulza artificialmente la comida con productos que dejan mucho que desear.

---

1. Más información sobre las Madres de Ituzaingó en: http://madresdeituza ingo.blogspot.com.es/

Del aspartamo y el glutamato monosódico

No se trata de poner todos los aditivos en el mismo saco, aunque sí señalar el impacto que algunos pueden tener en nuestro organismo, en especial los aditivos sintéticos en comparación con los naturales. El libro *Los aditivos alimentarios* de Corinne Gouget (2008) señala en concreto a dos: el aspartamo, codificado en Europa con el número E951, y el glutamato monosódico, con el E621.

El aspartamo es un edulcorante no calórico empleado en refrescos y comida *light*. Algunos estudios han apuntado a las negativas consecuencias que puede tener en nuestra salud. La Fundación Ramazzini de Oncología y Ciencias Ambientales, con sede en Italia, publicó en 2005 en la revista *Environmental Health Perspectives* los resultados de un exhaustivo trabajo donde, a partir de la experimentación con ratas, señalaba los posibles efectos cancerígenos del aspartamo para el consumo humano. El informe concluía que el aspartamo es un agente carcinogénico potencial, incluso con una dosis diaria de 20 miligramos por kilogramo de peso, muy por debajo de los 40 miligramos por kilogramo de peso de ingesta diaria aceptada por las autoridades sanitarias europeas (Soffritti et al., 2006). La Fundación Ramazzin sentenciaba que era necesario revisar las directrices sobre su utilización y consumo. Sin embargo, la Agencia Europea de Seguridad Alimentaria (EFSA, por sus siglas en inglés) hizo caso omiso a dichas conclusiones y, siguiendo la pauta habitual con los informes científicos críticos, desautorizó el trabajo. No olvidemos, los lazos estrechos de la EFSA con la industria alimentaria y biotecnológica y cómo, por ejemplo, su presidenta en la Agencia Española de Seguridad Alimentaria es Ángela López de Sa Fernández, exdirectiva de Coca-Cola.

El glutamato monosódico, por su parte, es un aditivo potenciador del sabor muy utilizado en fiambres, hamburguesas, mezclas de especias, sopas de sobre, salsas, patatas fritas, chucherías. Estas últimas muy consumidas por los más pequeños. En el año 2005, el catedrático de fisiología y endocrinología experimental de la Universidad Complutense de Madrid Jesús Fernández-Tresguerres, uno de los 35 miembros de la Real Academia Nacional de Medicina, publicó en los *Anales de la Real Academia Nacional de Medicina* los resultados de un largo trabajo donde analizaba los efectos de la ingesta de glutamato monosódico en el control del apetito. Las conclusiones fueron demoledoras: su ingesta aumentaba el hambre y la voracidad en un 40% e impedía el buen funcionamiento de los mecanismos inhibidores del apetito, con lo que contribuía al incremento de la obesidad y a partir de ciertas cantidades se consideraba podía tener efectos tóxicos sobre el organismo (Fernández-Tresguerres, 2005). Algunos han llegado a denominar esta sustancia, informalmente, como «la nicotina de los alimentos».

Más allá del aspartamo y el glutamato monosódico, otros aditivos se han mostrado también perjudiciales para la salud humana y han acabado siendo retirados del mercado. En 2007, la Comisión Europea prohibió el uso del colorante rojo 2G (E128), utilizado mayoritariamente en salchichas y hamburguesas, al considerar, después de una reevaluación de la EFSA, que este podría tener «efectos genotóxicos y carcinógenos» para las personas (Agencia Estatal Boletín Oficial del Estado, 2007). La anterior evaluación toxicológica se había realizado 25 años atrás. Otros estudios han señalado como la mezcla de algunos colorantes, a menudo utilizados en refrescos y chucherías, combinados con la ingesta de otros aditivos presentes a la vez en estos productos provocarían hiperactividad infantil. Así concluía un estudio sobre aditivos alimentarios publicado en la revista *The Lancet*, en 2007: «Los colores artificiales o el conservante benzoato de sodio (o ambos) en la dieta provocan un aumento de la hiperactividad en niños de 3 años y en niños de entre 8 y 9 años» (McCann et al., 2007). El maravilloso y duro documental francés *Nuestros hijos nos acusarán* de Jean-Paul Jaud, nos recuerda, como señala su título, la responsabilidad que tenemos.

La agricultura ecológica, en cambio, prescinde de estos aditivos químicos de síntesis, colocando en el centro de la producción de alimentos la salud de las personas y la del planeta.

Eficiencia y precio

«La agricultura ecológica es poco eficiente y cara», dicen sus detractores. Quienes realizan esta afirmación olvidan que es precisamente el actual modelo de agricultura industrial el que desperdicia anualmente un tercio de los alimentos que se producen para consumo humano a escala mundial, unos 1.300 millones de toneladas de comida, según datos de FAO (2012b). Se trata de una agricultura de «usar y tirar». En consecuencia, ¿quién es aquí el ineficiente?

Aunque, más allá de estas cifras, es obvio que el actual modelo de agricultura industrial, intensiva y transgénica no satisface las necesidades alimentarias de las personas. El hambre, en un mundo donde se produce más comida que nunca, es el mejor ejemplo tanto en los países del Sur como aquí.

Por su parte, la agricultura ecológica y de proximidad se ha demostrado que garantiza mejor la seguridad alimentaria que la agricultura industrial y permite una mayor producción de comida especialmente en entornos desfavorables, en palabras del relator especial de las Naciones Unidas para el derecho a la alimentación Olivier de Schutter (2010), apoyándose en su informe *La agroecología y el derecho a la alimentación*. A partir de los datos expuestos en este trabajo, la reconversión de tierras en países del Sur a cultivo ecológico aumentaba su productividad hasta un 79%, en África, en particular, la reconversión permitía un aumento del 116% de las cosechas. Las cifras hablan por sí solas.

Si nos referimos al precio, y sobre todo lo comparamos con la calidad, una vez más la agricultura ecológica sale en mejor posición. Tal vez no lo parezca a primera vista porqué hay un discurso único, que se repite y se repite y se repite, que nos dice que lo ecológico es siempre más caro. Sin embargo, no es así. A menudo depende de dónde y qué compramos. No es lo mismo comprar en un supermercado ecológico o en una tienda *gourmet* que comprar directamente al campesino, en el mercado o a través de un grupo o cooperativa de consumo agroecológico; en los primeros los precios acostumbran a ser mucho más caros que en los segundos, donde su coste puede ser igual o incluso inferior que en el comercio tradicional por un producto de la misma calidad.

A parte, nos tendríamos que preguntar cómo puede ser que determinados productos o alimentos en el supermercado sean tan baratos. ¿Estamos pagando su precio real? ¿Cuál es su calidad? ¿En qué condiciones han sido elaborados? ¿Cuántos kilómetros han recorrido del campo a la mesa? A menudo, un precio muy bajo esconde una serie de costes invisibles: condiciones laborales precarias en origen y destino, mala calidad del producto, impacto medioambiental, etc. Se trata de una serie de gastos ocultos que acabamos socializando entre todos, porque si la comida recorre largas distancias y agudiza el cambio climático, con la emisión de gases de efecto invernadero,

¿esto quién lo paga? Si comemos alimentos de baja calidad que tienen un impacto negativo en nuestra salud, ¿quién lo costea? En definitiva, como dice el refrán: Pan para hoy y hambre para mañana.

Y no solo eso, cuando entramos en el «súper», ¿qué compramos? Se calcula que entre un 25% y un 55% de la compra en el supermercado es compulsiva, fruto de estímulos externos que nos instan a consumir al margen de cualquier raciocinio. ¿Cuántas veces hemos ido al supermercado a comprar cuatro cosas y hemos salido con el carrito a reventar? El supermercado es una máquina de vender, no nos quepa la menor duda, uno de los espacios más estudiados de nuestra vida cotidiana, para que nuestra compra nunca quede al azar.

Otra afirmación mil veces repetida es la que dice que «la agricultura ecológica es solo para ricos», o si quien habla busca el insulto, algo frecuente entre el sector «antiecológico», nos dirá que «la agricultura ecológica es solo para pijos». Ya sea en un caso como en otro, quienes afirman dichas palabras, les bien aseguro, nunca han puesto un pie en un grupo o cooperativa de consumo agroecológico porque sus miembros, en general, pueden ser calificados con mucho adjetivos, pero de «ricos» y «pijos» tienen más bien poco. Se trata de personas que apuestan por otro modelo de agricultura y alimentación, a partir de informarse, tomar conciencia, buscar datos contrastados sobre los impactos de aquello que comemos en nuestra salud, el medio ambiente, el campesinado. En esta vida nos «instruyen» para pensar que «gastamos» dinero en comida, pero ¿se trata de «gastar» o «invertir»? La educación es clave. De aquí, que sea fundamental hacer llegar los principios, y las verdades, de la agricultura ecológica al conjunto de la población. Comer bien, y tener derecho a comer bien, es cosa de todos.

Una «agricultura ecológica» al servicio del capital

«La agricultura ecológica no tiene fines sociales y agudiza la huella de carbono», afirman sus críticos. Aquí la pregunta clave es, ¿de qué agricultura ecológica estamos hablando? Una de las amenazas a la agricultura ecológica es su apropiación, la asimilación de su práctica por parte de la industria agroalimentaria. Y es que cada vez son más las grandes empresas del agronegocio y los supermercados que apuestan por este modelo de agricultura libre de pesticidas y aditivos químicos de síntesis, pero vaciándola de cualquier atisbo de cambio social. Su objetivo es claro: neutralizar la propuesta. Se trata de una «agricultura ecológica» al servicio del capital, con alimentos kilométricos y escasos derechos laborales. Esta no es la alternativa de quienes apostamos por un cambio en el modelo agroalimentario. La agricultura ecológica solo tiene sentido desde una perspectiva social, local y campesina, como han defendido siempre la mayoría de sus impulsores.

Por otro lado, me sorprende que los detractores de la agricultura ecológica se preocupen tanto por la huella de carbono y el impacto de los gases de efecto invernadero en el medio ambiente, cuando su apuesta por la agricultura industrial es precisamente una de sus principales responsables. Según la organización GRAIN (2011b), entre el 44% y el 55% de los gases de efecto invernadero son provocados por el conjunto del sistema agroalimentario, como consecuencia de sumar las emisiones generadas por el cambio en el uso del suelo y la deforestación; la producción agrícola; el procesamiento, el transporte y el empaquetado de los alimentos; y los desperdicios generados. Si a los críticos de la agroecología tanto les inquieta el cambio climático, les sugeriría que apostaran por una agricultura ecológica, local y campesina.

¿Quién impone qué?

«Nos imponen la agricultura ecológica. Yo quiero comer transgénicos, y no me dejan», dicen algunos, aunque parezca una broma. Sin embargo, ¿quién impone qué? La agricultura industrial sí fue resultado de una imposición, la de la revolución verde, promovida desde los años cuarenta, y en décadas posteriores, por gobiernos como el de Estados Unidos y fundaciones como la fundación Ford y Rockefeller, y que significó la progresiva sustitución de un modelo de agricultura tradicional, donde los campesinos tenían la capacidad de decidir sobre qué y cómo conreaban, por una agricultura industrial, «adicta» al petroleo y a los fitosanitarios, que condujo a la privatización de los bienes comunes, y en particular las semillas. Muchos campesinos no tuvieron elección. Hoy, vemos las consecuencias de este modelo agrario: hambre, descampesinización, patentes sobre las simientes, acaparamiento de tierras, etc.

Aunque la principal imposición agraria ha sido sin lugar a dudas la del cultivo transgénico, y la imposible coexistencia entre agricultura trasgénica y agricultura convencional y ecológica así nos lo demuestra (Cipriano, Carrasco y Arbós, 2006). Los cultivos transgénicos a través del aire y la polinización contaminan a otros, de este modo funciona lo que podríamos llamar «la dictadura transgénica». En Aragón y Catalunya, las zonas donde más se cultiva transgénico de toda Europa, la producción de maíz ecológico prácticamente ha desaparecido debido a los múltiples casos de contaminaciones sufridas. Las evidencias son irrefutables.

La enumeración de frases con el único propósito de desautorizar la agricultura ecológica podría continuar. Las falsedades vertidas son incontables. Sin embargo, ¿quién puede considerar, visto lo visto, que la agricultura y la alimentación industrial, intensiva y transgénica es más respetuosa con las personas y el medio ambiente que la ecológica? Ustedes deciden.

XI. ¿QUÉ ENTENDEMOS POR COMERCIO JUSTO?

Mirando el comercio justo desde la soberanía alimentaria

Mirar el comercio justo con las gafas de la soberanía alimentaria. Este es el reto si queremos apostar por unas relaciones comerciales justas, tanto a escala internacional como local, donde no se impongan los intereses de unas pocas multinacionales sino las necesidades de las personas y el respeto al ecosistema.

No se trata de más comercio sino de más justicia en lo social y en lo ecológico. De este modo, apostar por un comercio justo radicalmente transformador en las relaciones de producción, distribución y consumo pasa por interpretarlo y llevarlo a la práctica a partir de la demanda política de la soberanía alimentaria.

Cuando el «discurso único» se resquebraja

Mucho ha llovido desde el inicio del movimiento por un comercio justo en el Estado español en los años ochenta, cuando se llevaba a cabo una actividad comercial irregular y voluntarista y donde no existían canales de distribución estables más allá de puntos de venta en ferias, jornadas solidarias, conciertos, etc. No fue hasta mediados de la década de los noventa que el movimiento experimentó un crecimiento y consolidación importante. Las organizaciones más veteranas aumentaron entonces su tamaño y algunas ampliaron sus actividades asumiendo tareas de importación y distribución de productos, mientras que el número de organizaciones ascendía un 60% con la incorporación de nuevas ONG, tiendas, importadoras y distribuidoras. El volumen de ventas, en este mismo período, también creció considerablemente, pasando de 13 millones de pesetas en ventas en 1990 a 700 millones en 1997 (EFTA, 1998).

El desarrollo y crecimiento del movimiento por un comercio justo no ha estado exento de debates ni de polémica a lo largo de esto años, tanto «hacia adentro» como «hacia fuera». La necesidad de afrontar nuevos retos ha puesto de relieve diferencias de fondo entre las organizaciones acerca de qué se entiende por comercio justo, cuál es su objetivo, a través de qué medios se logra, con qué aliados, etc. De este modo, el «discurso único» acerca del comercio justo, centrado en las desigualdades comerciales Norte-Sur, que dio lugar al movimiento, se ha resquebrajado. Una situación que no solo se ha dado en el Estado español, sino que antes tuvo lugar en países como Francia e Italia y posteriormente en otros como Portugal y Grecia.

Asimismo, el movimiento por un comercio justo, a lo largo de estos años, no ha sido inmune a los acontecimientos que han tenido lugar a su alrededor. La emergencia del ciclo antiglobalización, a finales de los noventa, y su crítica a las políticas de la Organización Mundial del Comercio, los debates acerca de qué relaciones comerciales a escala global y las aportaciones sobre otro modelo de producción agrícola y alimentaria impactaron en el análisis y la práctica de algunas de sus organizaciones.

A partir de los años 2000, podemos considerar que en el Estado español se fueron configurando dos polos de referencia en el movimiento por un comercio justo. Por un lado, una visión que se ciñe a los principios originales que dieron lugar e este movimiento (criterios de producción en origen justos, apoyo a las organizaciones productoras en la periferia, énfasis en la comercialización y la sensibilización en el Norte), que apuesta por colaborar con empresas y multinacionales a través de estrategias de Responsabilidad Social Corporativa, que trabaja con la gran distribución y que cuenta con una presencia pública hegemónica (a nivel social, institucional, mediático y empresarial). Y que, en consecuencia, denominaremos: polo «tradicional y dominante».

Por otro lado, una visión más integral de lo que es el comercio justo, que no se centra tan solo en unas condiciones de producción justas en origen sino que considera toda la cadena de comercialización del producto, desde su elaboración en origen hasta su distribución y venta final, que no reclama únicamente unas relaciones de justicia comercial a escala global sino también en lo local, que rechaza colaborar con multinacionales de la industria agroalimentaria y supermercados, que establece alianzas con movimientos sociales de base y que tiene una presencia pública minoritaria. De aquí que lo llamaremos: polo «global y alternativo» (Vivas, 2006).

Aunque hay que tener presente que el movimiento por un comercio justo no es algo estanco. A pesar de que encontramos a organizaciones estables y con rol de liderazgo en ambos polos de referencia, una parte de las organizaciones fluctúan entre uno y otro según el tema y el cómo se ven afectadas por las problemáticas con las que se encuentran, en lo que podríamos denominar una situación de «polarización dinámica».

La soberanía alimentaria como brújula

Estos dos grandes polos de referencia, sensibilidades e interpretaciones sobre qué es el comercio justo se han ido configurando, como antes señalábamos, en la medida en que sus organizaciones han tenido que ir enfrentando nuevos debates y retos: ¿lo prioritario es vender productos de comercio justo? Y si es así, ¿a qué precio? ¿Con qué aliados? ¿Cómo llegamos a más gente? ¿Qué equilibrio entre comercialización y sensibilización? ¿Trabajamos solo el comercio justo a escala internacional o también local? ¿Tiene sentido el uno sin el otro?

La emergencia a mediados de los años noventa de la propuesta política de la soberanía alimentaria de la mano de La Vía Campesina, y el eco que consiguió después con el ciclo antiglobalización, interpeló a algunas de las organizaciones del movimiento por un comercio justo, las que situábamos en el polo «global y alternativo», y las orientó, actuando como guía y brújula, a posicionarse en estos debates.

Hay que tener en cuenta que si bien el comercio justo enfatiza la demanda de justicia en la comercialización internacional poniendo énfasis en los criterios de producción en origen, no se puede obviar que estos representan exclusivamente un tramo de una cadena de producción, distribución y consumo mucho más amplia y que la justicia en las prácticas comerciales es indisociable de la justicia en cada uno de los tramos de esta cadena, desde la producción hasta la distribución final, ya sea en el Sur o en el Norte. Y es en esta mirada al todo, donde la soberanía alimentaria orienta a un comercio justo que no solo busca transformar un sistema comercial injusto sino un modelo productivo y consumista irracional e insostenible (Vivas, 2010).

De este modo, la soberanía alimentaria dota de perspectiva política a un sector del movimiento por un comercio justo, estableciendo las líneas rojas de su teoría y práctica.

De lo local y lo global

La mayor parte de sus organizaciones, que podemos enmarcar en el polo «tradicional y dominante», tienen una visión unidreccional del comercio justo, Sur-Norte. Trabajar a favor de la justicia en las transacciones comerciales, desde mi punto de vista, implica reivindicar también esta justicia en el comercio local, ya sea en el Sur o en el Norte. Algunos grupos, activistas e intelectuales latinoamericanos apuestan por esta mirada. «El comercio justo está basado históricamente en la exportación Sur-Norte, y creemos que debe traspasar ese límite de origen. [...] Avanzar promoviendo el desarrollo de mercados internos justos y solidarios y relaciones comerciales regionales Sur-Sur» afirmaba la experta en comercio justo brasileña Rosemary Gomes (2007). En la misma dirección se posicionaba el sociólogo uruguayo Pablo Guerra (2007): «El comercio justo fue creado y desarrollado con una visión muy paternalista y a pesar de los esfuerzos en contrario, también fuertemente eurocentrista. En otros términos, digamos que el comercio justo debe progresar desde una concepción altruista a una más solidaria».

Tomando la perspectiva de la soberanía alimentaria, el eje de gravedad se centra en lo local siendo el comercio internacional un complemento. De tal modo que la prioridad ya no es «vender más» en el Norte, sino que los productores y consumidores en los países del Sur puedan producir y alimentarse de una forma sana y saludable, que tengan la capacidad de decidir sobre sus políticas agrícolas y alimentarias. Este marco es el mejor antídoto a un comercio justo que a pesar de su etiqueta puede caer con facilidad en las mismas prácticas del comercio internacional que dice combatir.

Un productor de comercio justo tiene que tener garantizada primero su seguridad y soberanía alimentaria. ¿Qué sentido tendría apostar por la exportación de café, cacao, quinoa de comercio justo, si aquellos que lo producen no tienen qué comer? Esto que puede parecer obvio, no lo es tanto cuando analizamos algunas prácticas. Al poner el énfasis en la exportación, esta cuestión puede quedar en un segundo plano. Vender más café de comercio justo no garantiza a sus productores salir de la pobreza. Así lo recoge una investigación realizada por la organización internacional Red Agroecológica Comunitaria, que después de entrevistar a varios productores de café de comercio justo en México, Guatemala, El Salvador y Nicaragua concluía que ni su seguridad alimentaria, ni su capacidad para mandar a sus hijas e hijos a la escuela era superior a la media. La mejora de su asistencia sanitaria y educativa, afirmaban, respondía más a las redes locales de apoyo mutuo que al mayor precio al que era pagado su café (Holt-Giménez, Bailey y Sampson, 2008).

Otro elemento a tener en cuenta es dónde se comercializan estos productos. Al priorizar el comercio internacional, aunque «justo», podemos encontrarnos, como sucede con el comercio convencional de café, que donde menos se consume un café de calidad es precisamente en los países productores. Apostar por una producción y una distribución local, implica garantizar su consumo en origen, lo que implica no solo dar salida a estos productos a escala nacional sino también un mayor beneficio para la economía de base y un menor impacto medioambiental en lo que a transporte de mercancías se refiere. Experiencias como las de la Unión Nacional de Organizaciones Regionales Campesinas Autónomas (UNORCA) en México, promoviendo en todo el país la comercialización de café de comercio justo producido por pequeños campesinos locales son un ejemplo a seguir (Montagut y Vivas, 2009).

Mirar con las gafas de la soberanía alimentaria nos permite combatir otra de las prácticas que se lleva a cabo desde una visión «tradicional y dominante»: importar productos que ya se producen aquí, como vino, miel, aceite..., con componentes sociales y ecológicos equivalentes. Vender más, con el consiguiente beneficio para las comunidades de origen, justifica estas prácticas, pero desde el punto de vista de la soberanía alimentaria, y como defienden las organizaciones situadas en el polo «global y alternativo», esto no tiene ningún sentido, ya que este beneficio no compensa ni el impacto medioambiental de su transporte ni la competencia al productor y artesano en el Norte.

Tomar la parte por el todo

Otra debilidad es tomar la parte por el todo. Considerar que «comercio justo» es un paquete de café, de cacao, de té... cuando en realidad es mucho más. Desde un punto de vista «tradicional y dominante», al poner el énfasis en los criterios de producción en origen (salarios dignos, igualdad de género, respeto al medio ambiente, etc.), la visión de conjunto de la cadena de comercialización se pierde.

En consecuencia, se aplican una serie de criterios de justicia social y ecológica en origen pero no al resto de actores que participan en la cadena, cayendo en una visión muy reduccionista de lo que son las relaciones comerciales y dándose la paradoja que se evalúa, sanciona... al productor en el Sur si no cumple con dichos criterios, no en cambio al punto de venta en el Norte, aunque, como en el caso de las grandes superficies o multinacionales de la agroindustria, no cumplan con ninguna de estas garantías.

El comercio justo no puede entenderse como una práctica aislada en relación al modelo de producción, distribución y consumo. No se trata de un «islote» al margen del sistema capitalista, sino que se inserta en él. Ser conscientes de ello, como nos ubica la perspectiva política de la soberanía alimentaria, es la mejor manera de luchar contra los «cantos de sirena» de un capitalismo teñido de solidario y de verde.

¿Vender cuanto más mejor?

Querer vender cuanto más mejor, aunque pueda parecer contradictorio, no es siempre la mejor opción. ¿Vender más productos de comercio justo a qué precio? ¿A través de qué canales de distribución? ¿Con qué estrategias comerciales? Son preguntas clave para no precipitarnos al elegir «compañeros de viaje». A menudo, desde organizaciones que situamos en el polo «tradicional y dominante» se justifica la venta de productos de comercio justo en supermercados o a través de multinacionales de la industria agroalimentaria con el teórico fin de llegar a más gente, conseguir más ventas y por lo tanto más ingresos para las organizaciones del Sur. Sin embargo, hay una cuestión fundamental a tener en cuenta, ¿trabajando con los mismos que generan y se benefician de las injustas reglas del comercio internacional conseguiremos cambiar dichas políticas? Creo que no.

Las empresas de la gran distribución han visto en la comercialización de productos de comercio justo, y también en los ecológicos, un nuevo nicho de mercado y una opción para el *marketing* empresarial. Carrefour, Eroski, El Corte Inglés, Alcampo, entre otros, a pesar de intentar dotarse de una imagen «equitativa y responsable» con la comercialización de estos productos, no han cambiado sus prácticas y siguen acumulando denuncias por políticas antisindicales, opacidad en la fijación del precio de sus productos, competencia desleal con el comercio local, etc.

Multinacionales como Nestlé, Kraft Foods, Procter&Gamble, McDonald's o Starbuck's han promocionado marcas propias de comercio justo y distribuyen en algunos de sus establecimientos productos certificados. El caso de Nestlé es uno de los que ha generado mayor polémica. ¿Cómo la empresa más boicoteada del mundo, acusada de violar derechos medioambientales y humanos, puede promover el comercio justo? En 2005, Nestlé, en Gran Bretaña, lanzó su primer café de comercio justo: el Nescafé Partner's Blend, certificado por la Fairtrade Foundation (FLO Internacional). El director de la certificadora Harriet Lamb mostraba su satisfacción al afirmar que la decisión tomada por Nestlé era resultado de la presión ejercida por la ciudadanía y consideraba a Nestlé como «una gran multinacional que escucha a la gente y les da lo que pide» (Jacquiau, 2006). Sin comentarios.

La certificación de productos de comercio justo es otra cuestión controvertida y elemento de división. Mientras que para el sector «tradicional y dominante», la certificación permite llegar a más gente y que grandes superficies y multinacionales comercialicen estos productos, lo que consideran un logro del movimiento; para el «polo global y alternativo», la certificación responde solamente a una lógica comercial y el sello FLO Internacional[1] acaba excluyendo a la tienda de comercio justo como garante de la equidad del producto. A partir de esta certificación, cualquier supermercado o gran super-

1. El sello FLO Internacional (Fairtade Labelling Organizations) fue creado el año 1997, con el objetivo de homogeneizar criterios de certificación de los productos de comercio justo y de integrar en una única certificadora internacional iniciativas surgidas anteriormente en otros países como Max Havelaar en Suiza, Bélgica, Francia...; Transfair en Alemania, Italia, Estados Unidos, Austria...; Fairtrade en Gran Bretaña e Irlanda, entre otros.

ficie queda legitimada para vender un producto de comercio justo con el sello correspondiente. Nadie puede evitar que Wal-Mart, Carrefour, Eroski... tengan en sus establecimientos productos certificados de comercio justo, ni que Nestlé, Chiquita o Dole promuevan marcas propias de comercio justo y solidario.

Otra práctica polémica es la certificación de grandes plantaciones privadas en el Sur, con el objetivo de cubrir el aumento de la demanda del mercado de comercio justo. La Coordinadora Latinoamericana y del Caribe de Pequeños Productores de Comercio Justo (CLAC) denuncia este hecho al considerar que antepone los intereses del mercado a los de los pequeños campesinos (Setem, 2006). Pero pese a las críticas, las transnacionales de la industria bananera, como Chiquita y Dole, ya han conseguido la certificación de sus plantaciones de plátanos y estos ya se pueden encontrar en los supermercados británicos y norteamericanos.

Aprendizajes mutuos

A partir de lo que hemos señalado antes, podemos concluir que solo un discurso y una práctica del comercio justo que rompa con las injustas políticas agrarias y comerciales, tanto en el Norte como en el Sur, nos permitirá avanzar hacia un modelo social y ecológico más justo.

La soberanía alimentaria plantea un paradigma global alternativo al actual sistema agroalimentario, desde la producción pasando por la distribución hasta el consumo; mientras que el comercio justo incide en especial en una parte, la comercialización y la distribución, aunque teniendo muy en cuenta, desde la perspectiva «global y alternativa», el conjunto de la cadena. Es aquí donde soberanía alimentaria y comercio justo se encuentran y la primera dota de perspectiva a la segunda.

Un comercio justo es imposible sin el marco político de la soberanía alimentaria. Si los campesinos no tienen acceso a los bienes naturales (agua, tierra, semillas), si los consumidores no podemos decidir, por ejemplo, el consumo de alimentos libres de transgénicos, si los Estados no son soberanos para decidir sus políticas agrícolas y alimentarias... no puede existir un comercio justo, porque las transacciones comerciales seguirán en manos de empresas multinacionales, apoyadas por élites políticas, quienes buscan hacer negocio con la agricultura y la alimentación.

Asimismo, en la medida en que el comercio justo, como es el caso de la visión «tradicional y dominante», no tome como demanda estratégica la soberanía alimentaria, ni se sitúe en esta perspectiva política, sus prácticas comerciales más que avanzar hacia un comercio con justicia contribuirán en el mejor de los casos a la venta de algunos productos de comercio justo a escala internacional, porcentajes anecdóticos si los comparamos con el flujo comercial global, y en el peor de los casos acabarán limpiando la imagen a determinadas multinacionales, justificando sus injustas prácticas comerciales, sociales y laborales y contribuyendo a una percepción social favorable a las mismas, escondiendo las causas de fondo de los desequilibrios Norte-Sur. De este modo, el comercio justo puede acabar siendo una alternativa muy limitada, cuando no una corrección parcial al paradigma comercial dominante.

Por su parte, la soberanía alimentaria debería de incorporar las demandas del comercio justo, desde una mirada «global y alternativa», porque estas permiten profundizar en unos criterios de justicia social y ecológica en los intercambios comerciales, a la vez que la experiencia y el saber acumulado por el comercio justo Norte-Sur puede ser muy útil a la hora de enfrentar nuevos retos en la comercialización y la distribución alternativa. Si el comercio justo Norte-Sur ha conseguido aplicar unos criterios de justicia y una alta transparencia y confianza en los intercambios comerciales de «larga distancia», aplicar estas mismas prácticas en los circuitos cortos de comercialización debería ser mucho más fácil.

La complejidad del comercio justo a escala internacional, con intercambios que van más allá de la relación directa entre campesino y consumidor y que implican más actores (distribuidores, transformadores, transportistas, etc.), nos puede dar instrumentos en la medida en que sea necesario complejizar los circuitos cortos de comercialización en el marco de la economía social y solidaria. Además, la soberanía alimentaria no niega el intercambio comercial internacional, a pesar de poner el énfasis en la comercialización local, por lo cual las prácticas de comercio justo internacional para aquellos productos que no se elaboran en el Norte (café, cacao, azúcar...) y se tengan que importar del Sur y viceversa continuarán siendo necesarias.

Las gafas de la soberanía alimentaria son imprescindibles para dotar de perspectiva a un comercio justo radicalmente transformador. Y la experiencia, teórica y práctica, acumulada por el movimiento por un comercio justo es un buen bagaje a tener en cuenta por la soberanía alimentaria.

¿Comercio justo en el «súper»?

¿Comercio justo en el «súper»? Ante esta pregunta podríamos pensar que la presencia creciente de productos de comercio justo en las estanterías de los supermercados es una tendencia positiva que permite un fácil acceso a estos alimentos y un mayor número de ventas. Pero, ¿el comercio justo se limita tan solo a una cuestión comercial? ¿Qué tipo de comercio justo pueden llevar a cabo empresas con dudosa trayectoria de respeto a los derechos laborales, medioambientales y sociales? ¿Comercio justo en el «súper» es comercio justo?

Ante el creciente interés por el comercio justo por parte de grandes superficies como Carrefour, Alcampo, Eroski... deberíamos preguntarnos qué hay detrás de esta estrategia y sus declaraciones de buenas intenciones. Todos estaremos de acuerdo en que para cambiar las injustas reglas del mercado es fundamental llevar a cabo una tarea de sensibilización y concienciación sobre cuáles son las causas y consecuencias del actual modelo comercial y económico. Sin embargo, ¿son las empresas de la gran distribución capaces de llevar a cabo esta tarea? ¿Son los mismos que se benefician de la globalización capitalista aptos para luchar en su contra?

Algunas consideraciones

Para dar respuesta a las preguntas formuladas, me gustaría señalar tres consideraciones.

En primer lugar: comercio justo no significa solo vender. El comercio justo tiene por objetivo cambiar las injustas reglas del comercio internacional y someter el comercio a las necesidades de los pueblos. Vender no debería ser un fin en sí mismo sino un medio para sensibilizar sobre dichos temas y apoyar solidariamente a los productores en el Sur. Vender a través de las grandes superficies nunca nos permitirá modificar las injustas reglas del comercio, ya que estas son las primeras interesadas en mantener un modelo comercial injusto que les aporta importantes beneficios económicos.

En segundo lugar: el comercio justo no es un listado de criterios, ni una mera transferencia monetaria Norte y Sur. No es posible limitarlo a una serie de normas aplicadas únicamente a la producción en origen. Se trata de algo mucho más complejo que un producto elaborado en base a unos principios de justicia social y medioambiental, el comercio justo es un proceso que va desde el productor hasta el consumidor, donde participan muchos otros actores. No podemos someter al productor en el Sur al cumplimiento de una serie de requisitos en la producción (pago de un salario digno, organización democrática, políticas de género, respeto al medio ambiente) y no aplicar al resto de la cadena estos mismos criterios. Si impusiéramos los principios del comercio justo a los supermercados que venden alimentos con la etiqueta de «justo», no cumplirían ninguno. A la vez, hay que trascender la mirada asistencial sobre los productores en el Sur y avanzar hacia una práctica de solidaridad internacionalista.

En tercer lugar: el comercio justo no es solo Norte-Sur. La justicia en las prácticas comerciales no debe limitarse al comercio entre países del «centro» y la «periferia», debemos reclamar una justicia comercial tanto a nivel internacional como a escala nacional y local y exigir un comercio justo Norte-Norte y Sur-Sur. Lo que implica poner el énfasis también en la comercialización de productos locales, elaborados por actores de la economía social y solidaria.

Las grandes cadenas de distribución promueven una agricultura y una producción deslocalizada, adicta al petróleo, con alimentos que recorren miles de kilómetros antes de «aterrizar» en nuestras mesas. Los supermercados no defienden al pequeño y mediano campesino, ni respetan los derechos de sus trabajadores, ni el comercio local, ni favorecen un consumo responsable. Entonces, ¿qué sentido tiene que vendan productos de comercio justo?

Justificar lo injustificable

El comercio justo es utilizado por la grandes superficies como un instrumento de *marketing* empresarial y lavado de imagen. Vendiendo una ínfima parte de sus productos de comercio justo pretenden justificar una práctica comercial totalmente injustificable: precarización de la mano de obra, sometimiento del pequeño agricultor, explotación del medio ambiente, promoción de un modelo de consumo insostenible, competencia desleal con el comercio local.

Frente a la pregunta de si hay supermercados buenos y malos, es importante señalar que el modelo de producción y comercialización de todos ellos parte de una lógica de mercado que antepone la maximización de sus beneficios al respeto de los derechos sociales y medioambientales. La lógica de funcionamiento de todos ellos es la misma, aunque haya algunos que tengan una mejor estrategia de lavado de imagen que otros.

Ante este escenario, hay que abogar por un comercio justo que rechace ser un instrumento de «maquillaje» al servicio de la agroindustria y la gran distribución. Es necesario un comercio justo transformador, que tenga en cuenta a todos los actores de la cadena comercial, que trabaje en base a una perspectiva global e integral de las relaciones comerciales y que defienda el derecho de los pueblos a la soberanía alimentaria.

Cuando lo «justo» se limita a una etiqueta

A pesar del oxímoron que significa «supermercado justo», donde el primer concepto anula el segundo y viceversa, numerosos son los casos de grandes cadenas de distribución que cuentan en sus lineales con productos certificados como justos y solidarios. Algunos de los mayores supermercados a nivel mundial como Wal-Mart y Tesco venden alimentos de comercio justo y promueven marcas propias, dotándose de una imagen «responsable» y «equitativa». Lo mismo hacen aquí empresas como Eroski, Alcampo, Carrefour y El Corte Inglés.

Los precios más bajos

El caso de Wal-Mart, el número uno de los supermercados y la empresa más grande del mundo, según la lista Fortune Global 500, es un buen ejemplo de dicha incompatibilidad. La pelea por ofrecer los precios más bajos, el signo de identidad de la compañía, llegó a los productos de comercio justo. Si hasta hace algunos años, su marca estrella de café de comercio justo era Millstone Coffee, la batalla por los precios le llevó a buscar nuevos proveedores que pudieran ofrecer unos costes de producción más baratos. La estrategia de Wal-Mart para «ahorrar», y maximizar beneficios, consistía en controlar toda la cadena de comercialización, desde su origen. Así es como Wal-Mart entró en contacto con una pequeña cooperativa del norte de Minas Gerais, Brasil, que podía ofrecer unos precios inferiores y Transfair USA (FLO Internacional en los Estados Unidos), legitimando la estrategia de Wal-Mart, certificó la producción.

Con esta nueva maniobra, el kilo de café de comercio justo comprado en un supermercado Sam's Club (de Wal-Mart) salía casi un tercio más barato que otras marcas. De este modo, Sam's Club (Wal-Mart) se convertía en uno de los tres principales distribuidores al por menor de comercio justo de Estados Unidos, vendiendo el café de comercio justo más barato del mercado en unos mil establecimientos de la compañía. Los ejecutivos de Wal-Mart hablan ya de una nueva etapa donde los conceptos de «sostenibilidad» y «comercio justo» se han sumado al eslogan de la corporación «Precios cada vez más bajos» (Mui, 2006). Pero ¿qué sucederá con la pequeña cooperativa de Minas Gerais el día en que Wal-Mart encuentre a un proveedor aún más barato?

Sumarse al carro

Tesco, el mayor supermercado en Gran Bretaña, no ha dejado escapar tampoco la oportunidad de sumarse al carro. No en vano Gran Bretaña es junto a Suiza, uno de los mercados más importantes de productos de comercio justo en Europa. Tesco afirma contar con «la oferta más grande de productos de comercio justo», desde frutas, galletas, muesli, té, aperitivos, zumos... llegando a sumar un total de más de 90 productos, algunos de los cuales con marca propia. Una cifra irrisoria si se compara con los más de 40.000 que comercializa la compañía, un 0,2% del total de la oferta (Friends of the Earth, 2005b).

En la gama de comercio justo de Tesco, las rosas rojas son uno de los productos estrella. La compañía hizo un lanzamiento publicitario sin precedentes afirmando que se trataba de las primeras flores de comercio justo comercializadas en Gran Bretaña y que garantizaban «un mejor intercambio económico para los pequeños productores en los países en desarrollo». Sin embargo, la realidad distaba de los eslóganes publicitarios, según la periodista Felicity Lawrence (2005), ninguna de las dos compañías proveedoras de rosas «justas» keniatas podían ser consideradas «pequeños productores», ambas eran multinacionales con 4.500 y 2.500 trabajadores cada una, la más grande de propiedad holandesa, y las comunidades beneficiadas no eran cooperativas de productores, como muchos consumidores podían pensar, sino inmigrantes que vivían en barracas propiedad de las compañías. El caso de las rosas rojas es tan solo un ejemplo del trasfondo que esconde la práctica del comercio justo por parte de grandes distribuidoras como Tesco.

Otras multinacionales como McDonald's también se han sumado a la moda de «lo justo». En Suiza, a partir del año 2003, los 144 restaurantes del gigante del *fast food* empezaron a distribuir café de comercio justo con la certificación Max Havelaar (FLO Internacional). Una iniciativa destinada a mejorar la imagen de la multinacional, después de que en 2002 la compañía se situara en Suiza en números rojos (Jacquiau, 2006; Bezençon, 2007).

En 2005, los establecimientos de McDonald's en la región de New England y de Albany (Nueva York), en los Estados Unidos, siguieron el ejemplo. Más de 600 restaurantes del noroeste del país incluyeron en sus McMenús café certificado de comercio justo. Organizaciones como Oxfam América y Transfair USA felicitaron la compañía y la instaron a incorporar productos de comercio justo en todos los restaurantes McDonald's de Estados Unidos. El presidente de Transfair USA Paul Rice señalaba que la entrada de McDonald's en el comercio justo «mandaba un poderoso mensaje a la industria alimentaria indicando que el comercio justo es calidad», a la vez que consideraba que este paso aceleraría la incorporación de nuevas compañías al mercado del comercio justo (Chettero, 2005).

Lavado de imagen

En el Estado español, varias cadenas de supermercados venden alimentos etiquetados como justos. Hay que tener en cuenta que aquí la comercialización de estos productos no ha parado de crecer desde hace años. Si en el 2000, sus ventas apenas llegaban a los siete millones de euros, en 2012 sumaron más de 28 millones, multiplicándose por cuatro y con un crecimiento interanual del 11,4% (Donaire, 2013). Carrefour, Alcampo y Eroski son algunas de las que más publicitan estos alimentos.

El comercio justo ha entrado a formar parte de la estrategia de Responsabilidad Social Corporativa de la industria agroalimentaria y la gran distribución. Las multinacionales buscan asociar su marca a conceptos como ecología, solidaridad, justicia... con el objetivo de dotarse de una imagen responsable y comprometida, que les permita aumentar las ganancias de sus negocios. El informe *El comerç just i la gran distribució a Catalunya* no lo podía dejar más claro: «El componente social es un atributo importante para la marca y aporta valor y prestigio a las entidades que son más sensibles. Aportar productos de comercio justo y solidario en los lineales de las grandes superficies de distribución muestra esta sensibilidad y actitud de complicidad [...]. Es en estos detalles que la empresa incrementa el valor de aquello intangible, hasta el doble del valor de mercado y contable» (Grup de Recerca en Comunicació Empresarial, Institucional i Societat, 2006).

Sin embargo, la introducción de alimentos de comercio justo en sus lineales no modifica el conjunto de su práctica comercial. El comercio justo es utilizado como un instrumento de lavado de imagen, tras el cual se esconden salarios bajos, precariedad laboral, prácticas antisindicales, extorsión a agricultores y productores, competencia desleal al pequeño comercio y promoción de un consumismo exacerbado.

XII. PASAR A LA ACCIÓN

La tríada agroecológica

Ante un modelo agroalimentario depredador, machista, generador de hambre, nocivo con la tierra y la salud, adicto al petróleo y a los «alimentos viajeros», que acaba con la biodiversidad y el campesinado: ¿Qué podemos hacer? ¿Qué alternativas tenemos? La respuesta es triple.

Uno. Agricultura local, o lo que es lo mismo, agricultura de proximidad o de kilómetro 0. ¿Por qué comer tomates, naranjas, manzanas, garbanzos, uva, brócoli, almendras o espárragos que vienen de la otra punta del mundo, cuando los producimos aquí? ¿Por qué tantos mercados en los países del Sur se encuentran «invadidos» por leche, arroz, aceite y maíz subvencionado de Europa, Estados Unidos o Canadá, que se vende por debajo de su precio de coste compitiendo deslealmente con el producto local? ¿Por qué los alimentos recorren una media de 5.000 kilómetros del campo al plato, como afirma un estudio de Amigos de la Tierra (González, 2012)? ¿No sería más lógico y económicamente más provechoso promover circuitos cortos de comercialización? No se trata de caer en la retórica chovinista de «mejor lo de casa» ni en un localismo que concibe el mundo como pequeñas unidades aisladas y autárquicas, sino de reclamar más justicia social y ambiental. Los alimentos de kilómetro 0 permiten un mayor beneficio económico en el territorio y además «enfrían el planeta», es decir, no generan gases de efecto invernadero como sí lo hace la comida con miles de kilómetros a sus espaldas.

Dos. Agricultura ecológica, certificada o no, pero que garantiza la no utilización de productos químicos de síntesis ni en su producción ni transformación. Unos alimentos libres de transgénicos y agrotóxicos, que cuidan de nuestra salud y la del planeta. ¿Por qué tantas campesinas y campesinos tiene que padecer enfermedades debido al modelo agrario industrial? En Francia, sin ir más lejos, el parkinson es considerado una enfermedad laboral agrícola, después de que el campesino Paul François pudo demostrar judicialmente, en el año 2012, cómo un herbicida de Monsanto afectó gravemente su salud y le produjo dicha enfermedad (Bellver, 2012). Por no hablar de los dramáticos efectos del cultivo de soja transgénica en otras latitudes, no solo en el campesinado sino en las poblaciones colindantes, debido al uso de herbicidas venenosos a base de glifosato (Aranda, 2009).

Tres. Agricultura campesina, que fortalece y permite el desarrollo del mundo rural. La que valora el saber y el trabajo de quienes cuidan nuestros campos. La que permite una remuneración digna a quienes intentan vivir de trabajar la tierra. Necesitamos una cadena comercial transparente de origen a fin, para saber no solo de dónde viene lo que comemos sino para saber quién se beneficia de cada euro que pagamos. Actualmente, quien menos gana es quien produce la comida. De aquí que el trabajo campesino sea una labor «en extinción». Solo el 4,01% de la población activa en el Estado puede ganarse la vida como agricultor, y la mayor parte son gente mayor (INE, 2016). Si el día de mañana el campesinado desaparece, ¿quién nos alimentará? Tal vez Monsanto, Syngenta, Procter&Gamble, Coca-Cola, McDonalds, Kraft, Carrefour, Mercadona, El Corte Inglés. Con ellos, ¿nuestra buena alimentación estará garantizada? Os aseguro que no.

Agricultura local, ecológica y campesina, he aquí la tríada agroecológica.

Grupos de consumo: retomar el control

¿Qué comemos? ¿De dónde viene? ¿Cómo se ha elaborado? ¿Qué precio pagamos por aquello que compramos? Son preguntas que cada vez se formulan más consumidores. En un mundo globalizado, donde la distancia entre campesino y consumidor se ha alargado hasta tal punto en que ambos prácticamente no tienen ninguna incidencia en la cadena agroalimentaria, saber qué nos llevamos a la boca importa de nuevo, y mucho.

Así lo ponen de manifiesto las experiencias de grupos y cooperativas de consumo agroecológico[1] que en los últimos años han proliferado por doquier en todo el Estado español. Se trata de colectivos que agrupan a gente de un mismo barrio, ciudad... con el objetivo de llevar a cabo un consumo alternativo, ecológico, de temporada, solidario con el mundo rural, relocalizando la alimentación y estableciendo unas relaciones directas con el campesino a partir de unos circuitos cortos de comercialización. Estos núcleos se constituyen en general en las grandes ciudades donde hay una mayor distancia entre la ciudad y el campo y su formato acostumbra a ser el de asociación o cooperativa.

Consumidores y campesinos

Aquí encontramos principalmente dos grandes tipologías de grupos y cooperativas de consumo agroecológico: aquellos que integran en su seno a consumidores y a campesinos y otros que solo están formados por consumidores.

En el primer grupo destacarían experiencias como la cooperativa de producción y consumo Bajo el Asfalto está la Huerta! (BAH!) en Madrid y sus alrededores, que se inspira en modelos europeos de larga trayectoria como las AMAP (Asociaciones por el Mantenimiento de la Agricultura Campesina) francesas (López García, 2007), o muchas de las asociaciones históricas andaluzas como La Ortiga de Sevilla, La Breva de Málaga, El Encinar de Granada. Estas buscan integrar en un mismo marco a productores y consumidores consiguiendo un compromiso estable, donde los consumidores garantizan de manera anticipada la compra total de la producción al campesino, solidarizándose tanto en los beneficios como en las pérdidas. En determinados proyectos, sus miembros trabajan algunos días al año en la finca apoyando al agricultor.

---

1. Llamamos a estas experiencias «grupos y cooperativas de consumo agroecológico» porque a pesar de que muchos se autodefinen solo como grupos y cooperativas de consumo ecológico, su práctica va más allá de lo ecológico y se inserta en los principios de la agroecología, con un peso central también de lo social y político.

En el segundo grupo encontramos a la mayoría de experiencias catalanas y otras cooperativas de referencia como Landare en Pamplona, Bio Alai en Vitoria, La Llavoreta en Valencia o Arbore en Vigo, entre otras. Aquí, la relación consumidor y campesino es más laxa, basándose en una relación de confianza y conocimiento mutuo (con visitas periódicas a las fincas), pero donde cada uno se encuentra en marcos separados. Algunos grupos y cooperativas mantienen una relación más estrecha con los campesinos con quienes trabajan y otras menos.

A pesar de compartir unos criterios ideológicos comunes existe, como vemos, una gran variedad de modelos organizativos, de relación con el productor y el campesino, de formato de compra, etc. Por ejemplo, algunos grupos y cooperativas con el paso del tiempo han ido aumentando y adecuando la oferta a las necesidades de consumo de sus miembros. En la actualidad, muchos de estos ofrecen lo que llaman «cestas abiertas», donde cada consumidor puede pedir de manera regular, en general cada semana, aquellos productos que necesita y pagar por los mismos, aunque existen también otros formatos de «cestas cerradas» en las que el consumidor recibe periódicamente una cesta con productos del campesino pagando siempre el mismo precio (con el objetivo de garantizar anualmente la compra del producto que este elabora).

Otro elemento que distingue a los grupos y cooperativas de consumo agroecológico es su grado de profesionalización. Algunas de estas experiencias cuentan con personas contratadas que llevan a cabo tareas de gestión, como es el caso de varias de las iniciativas históricas en Andalucía, Valencia, algunas en Catalunya u otras que surgieron más tarde en Galicia. A menudo, estos grupos y cooperativas cuentan con una tienda abierta al público, accesible tanto a socios como a no socios. Otras, en cambio, revindican u optan por un modelo sin personas contratadas.

De lo anecdótico a lo significativo

Los primeros grupos en el Estado español surgieron a finales de los años ochenta y principios de los noventa. En Andalucía, a raíz de la constitución del Instituto de Sociología y Estudios Campesinos (ISEC) en la Universidad de Córdoba se introdujeron los principios de la agroecología dando lugar a experiencias como la cooperativa

Almocafre en Córdoba (1994). Otras iniciativas andaluzas fueron La Ortiga en Sevilla (1993), El Encinar en Granada (1993), La Breva en Malága (1995) o El Zoco en Jaén (1995). En Catalunya, se constituyó El Brot en Reus (1987), El Rebost en Girona (1988) y Germinal en Barcelona (1993). En Pamplona se creó Landare (1992), en Valencia La Llavoreta (1993), en Vitoria-Gasteiz Bio Alai (1993) y en Donostia-San Sebastián Otarra Bioelkartea (1992), entre otras.

La mayor parte de estas experiencias nacieron de núcleos militantes en movimientos sociales de la época, aunque hay distintas trayectorias y motivaciones tras cada una. En Andalucía, por ejemplo, se desarrollaron creando vínculos con el Sindicato de Obreros del Campo (SOC) (López García, 2009). En esta primera oleada, varias iniciativas se formalizaron como sociedad cooperativa mientras que otras optaron por la forma jurídica de asociación. Aunque es interesante observar cómo con el tiempo varias de estas últimas se legalizaron como cooperativas al considerar que era un modelo más adecuado a sus principios.

Una segunda oleada se produjo a lo largo de los años 2000. En Catalunya se pasó de menos de 10 cooperativas en el año 2000 a más de 90 en 2009, con una media de 32 cestas por grupo. Si una cesta equivale a una unidad de consumo, que puede ser una familia, unos compañeros de piso o un grupo de amigos que piden conjuntamente, y cada una de ellas puede tener un promedio de tres miembros, se «alimenta» a un total de 8.640 personas. En relación a la distribución geográfica, el 86% de los grupos y cooperativas de consumo en Catalunya se encuentran en la provincia de Barcelona (un 46% en la capital catalana), un 7% en Tarragona, un 3,5% en Girona y otro 3,5% en Lleida (Binimelis y Descombes, 2010).

En Madrid, a finales de los noventa, varias personas que venían de movimientos sociales y buscaban consumir de otra manera impulsaron los Grupos Autogestionados de Konsumo (GAK), que dieron lugar en poco tiempo a seis colectivos. Algo después, en 2000, se constituyó Bajo el Asfalto está la Huerta! que desembocó en la creación de 10 grupos en diferentes barrios de la capital y alrededores, sumando un total de 130 unidades de consumo, y a un equipo de producción, encargado de trabajar los terrenos del colectivo. El BAH! inspiró otras iniciativas madrileñas como Surco a Surco.

En territorios donde no existían experiencias de este tipo, como en Galicia, surgieron de nuevas. En Vigo, en 2001, se creó la cooperativa Arbore, que en 2009 repartía ya 290 cestas, multiplicando por diez el número de socios inicial, a la vez que acompañó la creación de otras iniciativas gallegas como la cooperativa A Xoaninha en Ferrol. A lo largo de los años 2000, los grupos históricos vieron aumentar sus miembros y la cifra de socios, al mismo tiempo que fueron capaces de ofrecer una mayor variedad de productos. Mientras, surgían nuevos colectivos en Madrid, Valencia, Murcia, Catalunya, País Vasco, Andalucía, Islas Baleares, entre muchos otros territorios.

Es importante tener en cuenta cómo en este período organizaciones de comercio justo con una visión «global y alternativa» de esta práctica empezaron a incluir en sus tiendas productos agroecológicos o a promover en sus locales grupos de consumo (Vivas, 2006). Así fue en el caso de muchas de las organizaciones de la red del Espacio por un Comercio Justo, como la Xarxa de Consum Solidari en Barcelona, Sodepaz en Madrid, A Cova da Terra en Lugo, Gira por el Desarrollo en Santander, Picu Rabicu en Xixón, entre otras.

También hay que señalar la iniciativa ARCO (Agricultura de Responsabilidad Compartida) impulsada por el sindicato campesino COAG, a partir de 2009, con el objetivo de promover los circuitos de cortos de comercialización (mercados de productores, grupos de consumo, cajas a domicilio, venta en explotaciones, comedores colectivos). Una estrategia que permitía al campesinado llegar directamente al consumidor, y aumentar sus beneficios eliminando intermediarios.

El auge de los grupos y las cooperativas de consumo agroecológico en el transcurso de los años 2000 respondió a dos cuestiones centrales. Por un lado, a una creciente preocupación social acerca de qué comemos, frente a la proliferación de escándalos alimentarios como las vacas locas, los pollos con dioxinas, la gripe porcina, la e-coli. Comer, y comer bien, importaba de nuevo. Y por otro lado, la emergencia del movimiento antiglobalización que dejó un sustrato de relaciones fértiles y de complicidades en lo local que facilitaron la creación de estos espacios, a la vez que se hizo evidente para muchos activistas la necesidad de vincular la lucha global con la práctica cotidiana. Esto explicaría que una nueva generación militante, muy activa en el movimiento antiglobalización, participara *a posteriori* en estas experiencias de consumo alternativo, ya fuese como usuarios o promotores.

Una tercera oleada tuvo lugar después de la eclosión del movimiento de los indignados, en mayo de 2011. Tras la ocupación de plazas en centenares de municipios de todo el Estado y el auge de la protesta y la movilización social, algunas de las experiencias que continuaron optaron por la construcción de iniciativas a escala local como huertos urbanos, mercados de intercambio y grupos de consumo. De este modo, nuevos grupos y cooperativas de consumo agroecológico emergieron a partir de entonces.

Límites y oportunidades

La multiplicación de grupos y cooperativas de consumo agroecológico plantea una serie de oportunidades, pero el desarrollo llevado a cabo hasta el momento también pone de relieve una serie de límites.

«Comer bien» versus *cambio político*

En muchos de los grupos de consumo encontramos a grandes rasgos dos sensibilidades. Una que apuesta, en términos generales, por «comer bien», dando un mayor peso a cuestiones relacionadas con la salud, y otra que, a pesar de tener en cuenta estos elementos, enfatiza más el carácter transformador y político de estas iniciativas. He aquí el reto de los grupos y las cooperativas de consumo, reivindicar una alimentación sana y saludable para todo el mundo. Lo que implica no perder de vista la perspectiva política de cambio. Una opción que solo busque el «comer bien» fácilmente puede ser cooptada por un discurso y una práctica capitalista verde.

Si queremos una agricultura sin pesticidas ni transgénicos es necesario empezar por exigir la prohibición de su cultivo en el Estado español, puerta de entrada y paraíso de los Organismos Genéticamente Modificados en Europa. Si apostamos por una agricultura de proximidad es imprescindible una reforma agraria y un banco público de tierras, que en vez de especular con el territorio lo haga accesible a quienes quieren vivir de trabajar la tierra. En definitiva, o cambiamos este sistema o «comer bien» se convertirá en un privilegio solo accesible a quienes se lo puedan permitir.

¿Una gestión y participación que nos paraliza?

El día a día de buena parte de estos grupos de consumo acaba centrándose en tareas cotidianas de gestión: contabilidad, pedidos, limpieza, control de *stocks*..., que restan tiempo y esfuerzo a una acción y a un debate político más allá del consumo. Asimismo, la disponibilidad de tiempo que requieren provoca, por un lado, una alta rotatividad entre sus miembros, que les resta fuerza y capacidad de consolidación (muchas personas al no poder seguir el ritmo abandonan el grupo), y, por otro lado, hace que personas o activistas, con poca disponibilidad horaria, no puedan participar.

Para dar respuesta a estos problemas, algunos grupos y cooperativas han optado por profesionalizarse y contar con personal contratado para realizar determinadas tareas, pero esto a menudo les ha restado implicación de una parte importante de sus socios. Aunque la participación activa en aquellos grupos que solo cuentan con voluntarios tampoco está asegurada ni es muy elevada.

Una relación igualitaria entre consumidor y campesinado

Hay que señalar también qué tipo de relaciones se establecen entre consumidores y productores y qué intereses tienen unos y otros. Del mismo modo que se debe de rechazar una relación puramente mercantil entre ambos, no es positivo tampoco caer en una mistificación de la práctica campesina ni de aquellos que la ejercen.

Los grupos y cooperativas de consumo tienen unas necesidades específicas de consumo (rutinas en su funcionamiento, oferta amplia, calidad de los productos...) que a veces pueden no casar con las del agricultor (producción limitada, varios clientes, rutas de reparto...). Debemos de considerar estas «tensiones» como naturales entre actores que juegan roles distintos. Los consumidores tienen que ser conscientes que consumir de «otro modo» implica adaptarse a las características de un modelo de producción agroecológica y los campesinos tienen que aceptar unas demandas determinadas. Lo que es fundamental es que estas relaciones se establezcan de igual a igual, en base a la confianza y al conocimiento mutuo.

Coordinados

Otro elemento a tener en cuenta al analizar el auge de estas experiencias es su capacidad de coordinación. En los territorios con un mayor número de grupos de consumo se han consolidado coordinadoras y federaciones que cumplen este papel, pero que en general solo reúnen a una pequeña parte de los mismos, mientras que muchos otros quedan fuera. El gran reto está en hacer que estos instrumentos de coordinación sean realmente útiles.

Asimismo, tenemos que plantearnos de qué marcos nos dotamos para una mayor coordinación entre los grupos de consumo y aquellos actores que trabajan en la misma dirección. Algunas cooperativas ya incluyen a consumidores y a productores, aunque muchas otras no. Para mejorar el contacto entre ambos, se han lanzado iniciativas que permiten coordinar a quienes consumen con los que trabajan la tierra. Se trata de experiencias como La Repera en Catalunya o La Rehuerta en Madrid.

En un sentido más amplio, existe como marco de trabajo la Plataforma Rural, un espacio donde se encuentran organizaciones campesinas, ecologistas, ONG, cristianos de base, consumidores, grupos de comercio justo que apuestan por crear mayores lazos de solidaridad entre lo rural y lo urbano, fortalecer la vida en el campo y promover una agricultura social, ecológica y de proximidad. Desde la Plataforma Rural, se promueven campañas unitarias contra los transgénicos, las grandes superficies, la PAC, los agrocombustibles y a favor de la soberanía alimentaria, el comercio local, el turismo responsable, los servicios públicos en el campo, entre otros.

Lo que se mueve en Europa

A lo largo de toda Europa, encontramos cada vez más iniciativas que apuestan por otro modelo de producción, distribución y consumo de alimentos. Algunas más consolidadas y otras menos, todas tienen en común la voluntad de reapropiarse de cómo y qué comemos.

En países como Francia e Italia es donde encontramos algunas de las experiencias más desarrolladas en Europa. Mientras que en Japón, con los llamados Teikei, grupos de consumidores que compran directamente a uno o varios campesinos, con raíces en los años sesenta y setenta y con más de 16 millones de consumidores japoneses, o en Estados Unidos, con los grupos CSA (Agricultura Sostenida por la Comunidad), creados en la década de los ochenta y que suman más de 12.000 grupos, son otros países con un fuerte y prolongado arraigo de estas prácticas (Japan Organic Agriculture Association, 1993; Soil Association, 2011).

Un «contrato solidario» entre consumidores y campesinos

En Francia desde hace años se han desarrollado redes de solidaridad entre productores y consumidores a través de las AMAP (Asociaciones por el Mantenimiento de la Agricultura Campesina). Unas experiencias que parten de un «contrato solidario» entre un grupo de consumidores y un campesino local agroecológico, en base el cual los primeros pagan por adelantado el total de su consumo por un período determinado y el campesino les provee cada semana de los productos de su huerta. Desde la creación de la primera AMAP, en 2001 entre un grupo de consumidores de Aubagne y la explotación agrícola de las Olivades en la región de la Provenza, estas se han multiplicado por todo el país sumando a día de hoy a 1.600 grupos, que representan un total de 200.000 consumidores (Bashford et al., 2013).

En Italia, desde la década de los noventa, encontramos los GAS (Grupos de Compra Solidaria). Se trata de grupos de consumidores que se organizan de manera espontánea para comprar a uno o a varios campesinos y artesanos a partir de unos criterios de consumo solidario, donde priorizan la adquisición productos locales, justos y ecológicos estableciendo una relación directa con sus proveedores. En la actualidad, se calcula que existen 900 grupos en toda Italia coordinados a través de la red GAS, que fue creada en el año 1997.

En Gran Bretaña, estas propuestas reciben, como en Estados Unidos y Canadá, el apelativo de CSA (Agricultura Sostenida por la Comunidad) o *Vegetable box scheme*. Como su nombre indica, consisten en grupos de consumidores que apoyan a los campesinos a partir de una compra sin intermediarios, proporcionándoles una estabilidad financiera, a cambio de que estos les sirvan de forma regular, en general una vez a la semana, frutas, verduras, leche, carne, etc. En 2011, existían unos 80 grupos, con una media de 69 unidades de consumo, que daban de comer a unas 12.500 personas. La mayor parte tomaron impulso a partir del año 2009, gracias al apoyo de la organización Soil Association y su programa *Making Local Food Work*, aunque algunas de ellas llevaban ya más de 10 años trabajando (Soil Association, 2011).

En otros países de Europa encontramos también experiencias destacadas. Es el caso de Les Jardins de Cocagne en Suiza, una cooperativa de productores y consumidores de verduras ecológicas, fundada en 1978, y que agrupa a más de 400 hogares. En Bélgica, estas iniciativas se han desarrollado más recientemente, a lo largo de los años 2006 y 2007, sobretodo en Bruselas, donde en la actualidad encontramos a unas 200 unidades que reciben de forma regular fruta y verdura fresca a través de los GASAP (Grupos de Compra Solidaria con la Agricultura Campesina).

De las patatas a otros comestibles

En Alemania, el primer grupo CSA fue creado en 1988 en Buschberghof, cerca de Hamburgo, pero no fue hasta hace cinco años que estas propuestas se extendieron por todo el país dando lugar a los 35 grupos actuales. Desde 2011, existe una red nacional que permite su coordinación (Bashford et al., 2013). En Grecia, la crisis, y la pérdida de poder adquisitivo, dio lugar a la emergencia de prácticas para el autoabastecimiento alimentario de la ciudadanía al margen de los canales convencionales, a partir del apoyo mutuo y estableciendo una relación directa con el campesinado. Así, surgió el conocido como Movimiento de la patata (Morán y Fernández Casadevante, 2013/14), que facilita la venta directa de dichos productos en las ciudades, permitiendo unos mayores ingresos a los productores y abaratando el precio a los consumidores. De las patatas, se pasó a otros comestibles, en un ejercicio complementario a los grupos de consumo agroecológicos ya existentes en el país.

Todas estas prácticas ponen de relieve que es posible otro modelo de distribución y consumo de alimentos mediante una relación directa con el campesino y en base a unos criterios de justicia ambiental y social. Unas experiencias que se han venido multiplicando en toda Europa en los últimos años, así como otras que apuntan en la misma dirección: mercados campesinos, distribución directa, modelos de certificación participativa, huertos urbanos, redes de intercambio, cocina comprometida, comedores escolares ecológicos...

A nivel político, se han desarrollado y fortalecido redes de coordinación de actores que trabajan en la producción, la distribución y el consumo alternativo de alimentos, aunque queda muchísimo trabajo por hacer. En el continente, una de las principales redes de referencia es la Coordinadora Europea de La Vía Campesina que agrupa a organizaciones y sindicatos agrarios de Dinamarca, Suiza, Francia, Italia, Holanda, Estado español, Grecia, Malta y Turquía. Su objetivo es luchar contra las políticas agrícolas y alimentarias promovidas por la Unión Europea en el marco de la PAC y apostar por una agricultura campesina, diversa, ecológica y vinculada al territorio. Un reto importante consiste en aumentar la articulación entre estas iniciativas así como con otros movimientos sociales.

Huertos entre el asfalto

Hay vida bajo el asfalto, aunque a veces parezca mentira. Los huertos urbanos, que proliferan día a día en nuestros barrios y ciudades, así nos lo demuestran. Un ejemplo más de la voluntad de reconstruir los vínculos entre el campo y la ciudad, la naturaleza y las personas, ante un urbanismo que nos fragmenta y aísla.

Los huertos urbanos sin embargo no son algo nuevo. Nuestras abuelas y abuelos, llegados del campo, trabajaban a menudo su pedazo de tierra en las ciudades en el posfranquismo. No lo llamaban «huerto urbano», pero la función, salvando las distancias, de alimentarnos de lo que nos da la tierra era la misma. Hoy, años después, estas experiencias han tomado de nuevo fuerza y a caballo entre la moda y una opción de vida se hacen un hueco entre el cemento de los municipios.

Mil y un modelos

Hay diferentes tipos de huertos urbanos, desde los espacios que una institución, pública o privada, cede o alquila al vecindario, pasando por solares abandonados y ocupados para darles una función social, hasta huertas en las escuelas o experiencias individuales como los huertos en casa o en el balcón. Todas tienen en común la voluntad de reapropiarnos de lo que comemos, de trabajar la tierra, el contacto con la naturaleza.

Ante la irracionalidad de un sistema agrícola y alimentario que abandona el saber campesino, que acaba con la diversidad alimentaria, que nos vende productos kilométricos, los huertos urbanos nos demuestran que hay alternativas. Nos enseñan de dónde viene lo que comemos, aprendemos a valorarlo y redescubrimos que formamos parte indisociable del ecosistema.

Ganar terreno al asfalto, confrontar la lógica urbanístico-depredadora en las ciudades, y crear marcos nuevos de socialización es otro de los elementos clave. La resistencia y la explosión de la creatividad social se expresa también en solares ocupados que han transformado abandono y suciedad en fuente de vida. Hortalizas y plantas que crecen donde antes había escombros, de la mano de un vecindario que se encuentra y que construye espacios comunitarios y de apoyo mutuo. El movimiento del 15M ha dado lugar y ha reforzado estas experiencias en algunos municipios, en la búsqueda de alternativas prácticas y cotidianas.

La crisis económica y social da funciones nuevas a estas iniciativas como fuente de recursos alimentarios. Sin trabajo, sin casa y cada vez más sin comida, los huertos urbanos tienen una función práctica: la de proveer de comestibles a los que no tienen capacidad de adquirirlos y devolver la dignidad a los que menos tienen.

Experiencias a contracorriente, laboratorios en resistencia, que de manera imprescindible no solo cuestionan un modelo determinado de ciudad y de sistema agrícola y alimentario, sino el patrón que los sostiene, el capitalismo, que hace de donde vivimos lugares inhabitables y de lo que comemos alimentos insalubres. No se trata únicamente de trabajar la tierra y crear jardines y huertos urbanos, sino de generar una dinámica de fondo, de trabar alianzas con otros movimientos sociales, de plantear cambios políticos y de dar de una vez por todas una vuelta a este insostenible sistema.

Del campo al aula: comida buena y justa

«Niño, ¿de dónde viene la leche?», le preguntan. «Del tetra brick», responde. La distancia entre el campo y el plato, entre la producción y el consumo, no ha hecho más que aumentar en los últimos años. Los más pequeños a menudo nunca han pisado un huerto, visto una gallina o se han acercado a una vaca. Alimentarse no consiste tan solo en ingerir alimentos, sino en saber de dónde vienen, qué nos aportan, cómo han sido elaborados. Educar implica enseñar a comer y a comer bien. Eso es lo que hacen los comedores escolares ecológicos, que en los últimos tiempos han empezado a extenderse a nivel local.

El interés por comer bien, bueno y justo llega poco a poco a las mesas de las escuelas. Comedores que buscan, más allá de la aportación calórica necesaria, una alimentación ecológica y de proximidad. Se trata de aprovechar unos espacios, que permiten, como ningún otro, la interacción entre alumnos, educadores, cocineros y, en un segundo plano, con familias, profesores y agricultores, para recuperar no solo el saber y el sabor de la comida sino también aprender y valorar el trabajo que hay detrás de la producción, la agricultura, y detrás de los fogones, la cocina.

Los comedores escolares ecológicos tienen una vertiente educativa y nutricional, a la vez que defienden la economía social y solidaria y el territorio. Alimentos ecológicos sí, pero de proximidad. Una apuesta imprescindible en un contexto de crisis que, por un lado, da una salida económica a la pequeña agricultura, que intenta vivir dignamente del campo, fomentando unos circuitos de comercialización alternativos y una venta directa, y por otro, ofreciendo una alimentación sana, saludable y ecológica a los más pequeños, en un contexto donde aumenta la pobreza y la malnutrición.

En Catalunya, un 40% de los niños realizan la principal comida del día, el almuerzo, en los centros educativos. Incorporar estos valores a los comedores de las escuelas debería ser una prioridad, y los costes económicos no pueden ser el argumento para no hacerlo. Integrar la cocina en los comedores de los centros, permite un mayor control sobre la alimentación de los pequeños, y si compramos alimentos de proximidad, de temporada y directo al agricultor podemos hasta abaratar costes. Del campo pasando por los fogones de las escuelas hasta el plato del alumno, transparencia, calidad y justicia, ese es el reto. Y la administración pública tendría que estar comprometida con este fin. Invertir en una buena alimentación en el aula es invertir en futuro.

Comedores escolares que llevan los principios de la soberanía alimentaria a las escuelas, y no únicamente en la teoría sino, lo que es más importante, en la práctica. Soberanía alimentaria que nos permite recuperar la capacidad de decidir sobre cómo nos alimentamos, que apuesta por una agricultura campesina, local y agroecológica y que devuelve a agricultores y consumidores, y en este caso a los niños, el control y el saber sobre su alimentación.

Cocina «slow» para llegar lejos

Al defender otro modelo de agricultura y alimentación, pensamos siempre en el papel clave de quienes trabajan la tierra y quienes consumimos, pero olvidamos que en esta cadena que va del campo al plato se encuentran también otros actores que juegan un rol importante a la hora de apostar por unas prácticas de producción, distribución y consumo más justas. Cocineras y cocineros al frente de fogones y restaurantes tienen mucho que decir sobre qué cocinan y qué comemos.

El movimiento Slow Food les ha puesto nombre: Slow Food Km0. Y bajo esta «etiqueta» se agrupan cocineros comprometidos con una agricultura local, ecológica, campesina y de temporada. Como ellos mismos afirman, apuestan por alimentos «buenos, limpios y justos», o lo que es lo mismo, comida de calidad, sin transgénicos y que defiende un mundo rural vivo. De este modo, en dichos restaurantes encontramos productos adquiridos a agricultores locales, con los que se establece una relación directa y de confianza, podemos degustar variedades antiguas y en riesgo de desaparición, alimentos elaborados a no más de 100 km a la redonda, pescado de captura sostenible.

Se trata de un trabajo laborioso de *chefs* comprometidos con aquello que cocinan, en general de restaurantes pequeños repartidos por todo el territorio, pero también algunos en ciudades más grandes, que trabajan en alianza con campesinos y artesanos locales. Campo y cocina unidos, como no podía ser de otra manera, por una alimentación al servicio de las personas.

Más allá de una moda

Aunque ahora hablar de productos km0 se ha puesto de moda, el movimiento Slow Food comenzó promoviendo dicho concepto en los años noventa en defensa de una alimentación local, saludable y de calidad. Una comida *slow* en oposición a la comida *fast food.* Sin embargo, en la actualidad incluso hay bancos que promocionan sus servicios con este lema. Lo local, y más en un contexto de crisis, vende. Pero, ¿qué queremos decir cuando hablamos de km0? ¿Se trata de una moda, una marca o una apuesta por el cambio?

Las gentes de Slow Food lo tienen claro. Promover los alimentos km0 implica apoyar una agricultura local, ecológica, de temporada, campesina, comprar sin intermediarios al pequeño productor, recuperar nuestra gastronomía. Una cocina en la que no hay lugar para los transgénicos o para aquellos cultivos que contaminan el medio ambiente y nuestra salud. Una alimentación que defiende producir, distribuir y consumir al margen de la agroindustria y los supermercados.

Una propuesta que ha calado tanto que, como decíamos, algunos la utilizan incluso como mero instrumento de *marketing*, vaciándola de contenido, con el único propósito de vender más. CatalunyaCaixa es el máximo exponente. No tiene vergüenza en definirse en Catalunya como «Banca km0, banca de proximidad» y añade «trabajando desde aquí y para la gente de aquí». Aunque yo más bien diría: «desahuciando y estafando desde aquí a la gente de aquí». Los supermercados se apuntan también al carro. Carrefour, Mercadona, Alcampo, Eroski, El Corte Inglés dicen apostar por lo local. Olvidan que sus prácticas precisamente han acabado con el comercio, el empleo y la agricultura local.

¿Alimentos con bandera?

En tiempos de crisis, la comida con bandera vende. Consume nacional y pata negra. En Francia desde hace años la extrema derecha reclama el *Made in France*, eso sí, pura sangre. Antes, el Partido Comunista francés abrazó dicha consigna. En Estados Unidos, los conservadores en los años noventa hicieron campaña con la consigna *Buy American* contra el Tratado de Libre Comercio de América del Norte. Aquí, en estos momentos de crisis, se lleva el «Hecho en España». Primero lo de casa, vamos. Exigir local, en cambio, nada tiene que ver con una cuestión de banderas sino de justicia. El *leitmotiv* del km0 se encuentra en las antípodas de lo que defienden los que levantan enseñas.

Se trata de promover una producción y un consumo de proximidad con la imprescindible mirada de la soberanía alimentaria, devolviendo la capacidad de decidir a las gentes, apostando por un mundo rural vivo, con total respeto a la tierra y en alianza y solidaridad con otros pueblos. Todo lo contrario a chovinismos y racismos. Nada que ver con la industria agroalimentaria y el poder financiero. Solo así la defensa de lo local tiene sentido.

Cuando emergió el movimiento del 15M, allá en un cercano lejano 2011, se decía: «Vamos lentos porque vamos lejos». Tomo prestada dicha consigna, con una pequeña modificación: Cocina *slow* para llegar lejos.

BIBLIOGRAFÍA

ADITHYA P. *India's Endosulfan Disaster. A review of the Health impacts and status of remediation*. Kerala: Thanal, 2009.

AGENCIA ESPAÑOLA DE PROTECCIÓN DE DATOS E INSTITUTO NACIONAL DE TECNOLOGÍAS DE LA COMUNICACIÓN. *La AEPD e INTECO advierten sobre el impacto para la privacidad de la creciente implantación de las etiquetas «RFID» en objetos de uso cotidiano*, 2010 (disponible en: http://www.agpd.es/portalwebAGPD/revista_prensa/revista_prensa/2010/notas_prensa/common/julio/100727_NP_GUIA_RFID.pdf)

AGENCIA ESTATAL BOLETÍN OFICIAL DEL ESTADO. *Reglamento (CE) nº 884/2007 de la Comisión, de 26 de julio de 2007, relativo a las medidas de emergencia para la suspensión del uso de E 128 Rojo 2G como colorante alimentario*, 2007 (disponible en: https://www.boe.es/diario_boe/txt.php?id=DOUE-L-2007-81309).

AGRONEWS. *Pesticide use in Bangladesh tripled in 10 years*, 2010 (disponible en: http://news.agropages.com/News/NewsDetail---3862.htm)

AGUDO, A. «Desperdicio masivo de alimentos». *El País*, 05/02/2012.

AMIGOS DE LA TIERRA. *Las malas compañías. ¿Quién decide la política del Gobierno sobre transgénicos?* Madrid: Amigos de la Tierra, 2009.

— *Modelos de agricultura en tiempos de crisis*, 2010 (disponible en: http://www.tierra.org/spip/IMG/pdf/modelosdeagricultura-1.pdf)

ANTENTAS, J.M. «Wal-Mart: impactos del gigante de la gran distribución y resistencias» en Montagut, X. y Vivas, E. *Supermercados, no gracias*, Barcelona: Icaria editorial, 2007, pp. 155-167.

ANTENTAS, J.M. y VIVAS, E. «Las resistencias a las cadenas de la gran distribución comercial» en Montagut, X. y Vivas, E. *Supermercados, no gracias.* Barcelona: Icaria editorial, 2007, pp. 135-148.

— «Internacionalismo(s) ayer y hoy», *Viento Sur* 100, 2009a, pp. 33-40.

— «La Vía Campesina hacia la justicia global», *Ecología Política* 38, 2009b, pp. 97-99.

ARANDA, D. «El veneno que asoló el barrio de Ituzaingó». *Página 12*, 12/01/2009.

ARIAS V. et al. «Intoxicación por plaguicidas en pacientes asistidos en el Centro Nacional de Toxicología del Ministerio de Salud Pública», *Memorias del Instituto de Investigaciones en Ciencias de la Salud* 4(2), 2006, pp. 50-54.

ARTIJO, S. «La acuicultura», *El Ecologista* 43, 2005, pp. 39-41.

BALL, D. y Brat, I. «Spanish Supermarket Chain Finds Recipe». *The Wall Street Journal*, 23/10/2012.

BARRANCO, O. «Condiciones de trabajo de las proletarias y los proletarios de la gran distribución comercial» en Montagut, X. y Vivas, E. *Supermercados, no gracias*. Barcelona: Icaria editorial, 2007, pp. 71-83.

BASHFORD, J. et al. *European handbook on Community Supported Agriculture. Sharing experiences*. Viena: Community Supported Agriculture for Europe project, 2013.

BELLO, W. *The Food Wars*. Londres: Verso, 2009.

BELLVER, J.M. «Monsanto, condenada en Francia por la intoxicación de un agricultor». *El Mundo*, 14/02/2012.

BEZENÇON, V. *Penetration of Fair Trade in mainstream Distribution: Key Management Factors and Impact*. Neuchâtel: University de Neuchâtel, 2007.

BINIMELIS, R. *Diez años de transgénicos en España: La imposible coexistencia*, 2007 (disponible en: http://www.agroecologia.net/recursos/posicionamientos/transgenicos/Diez%20anos%20transgenicos%20en%20Espana%20(binimellis).pdf).

BINIMELIS, R. y DESCOMBES, C. *Comercialització en circuits curts. Identificació i tipologia*. Barcelona: Escola Agrària de Manresa y Verloc, 2010.

BOIX, V. *El parque de las hamacas. El químico que golpeó a los pobres*. Barcelona: Icaria editorial, 2007.

BORRAS, S. *La Vía Campesina*. Amsterdam: TNI, 2004.

BRAVO, J. *Uva de mesa: se ratifica liderazgo exportador mundial de Chile*. Santiago de Chile: ODEPA, 2013.

BRAVO, A. «Coca-Cola anuncia 750 despidos y el cierre de cuatro plantas en España». *El Mundo*, 23/01/2014.

BROSNAHAN, M. *Store video cameras failing to comply with privacy laws*, 2012 (disponible en: http://www.cbc.ca/news/canada/store-video-cameras-failing-to-comply-with-privacy-laws-1.1189399)

BROW, L.R., *Distillery Demand for Grain to Fuel Cars Vastly Understated: World May Be Facing Highest Grain Prices in History*, 2007 (disponible en: http://www.earth-policy.org/plan_b_updates/2007/update63)

BRUINSMA, J. (ed.) *World agriculture: towards 2015/2030. An FAO perspective*. Londres: FAO y Earthscan Publications, 2003.

CAMPAÑA DERECHO A LA ALIMENTACIÓN. URGENTE. *Especulación financiera y crisis alimentaria*. Madrid: Campaña Derecho a la alimentación. Urgente, 2011.

CARRETERO, M.J. y AVELLO, G. *La participación de las mujeres en las cooperativas agrarias*. Madrid: Proyecto Integra, 2011.

CATALUNYA CAIXA. *El nuevo Depósito 100% Natural de CatalunyaCaixa permite obtener hasta un 7% de rentabilidad anual*, 2011 (disponible en: http://www.catalunyacaixa.com/salapremsa/noticies/detall.action?request_locale=en&idNoticia=1481)

CENTRO DE NOTICIAS ONU. *Relator especial destaca importancia de agricultura ecológica*, 2011 (disponible en: http://www.un.org/spanish/News/story.asp?NewsID=20434#.U_obgdR_s8p)

CGIAR. *Globalized diet: More food, less diversity, more associated risks*, 2014 (disponible en: http://www.cgiar.org/wp-content/uploads/2014/03/Global-Food-Supply_press-release_CIAT.pdf).

CHAN, J.M. et al. «Insulin-like growth factor-I (IGF-I) and IGF binding protein-3 as predictors of advanced-stage prostate cancer», *J Natl Cancer Ins*t 94 (14), 2002, pp. 1099-106.

CHEMNITZ, C. y BECHEVA, S. (eds.). *Meat Atlas. Facts and figures about the animals we eat*. Ahrensfelde: Heinrich Böll Foundation y Friends of the Earth Europe, 2014.

CHETTERO, N. *Transfair USA joins Oxfam in welcoming McDonald's rollout of fair trade certified coffe*, 2005 (disponible en: http://www.prnewswire.com/news-releases/transfair-usa-joins-oxfam-in-welcoming-mcdonalds-rollout-of-fair-trade-certifiedtm-coffee-55659962.html)

CHOSSUDOVSKY, M. *The Globalization of Poverty and the New World Order*. Quebec: Global Research, 2003.

CIPRIANO, J., CARRASCO, J.F. y ARBÓS, M. *La imposible coexistencia*: Assemblea Pagesa, Plataforma Transgènics Fora y Greenpeace, 2006.

CIS. *Barómetro de diciembre 2011*, 2011 (disponible en: http://datos.cis.es/pdf/Es2923mar_A.pdf)

COAG. *Distribución alimentaria y mercados agroalimentarios en España*, 2009 (disponible en: http://docplayer.es/9879623-Distribucion-alimentaria-y-mercados-agroalimentarios-en-espana.html).

— *Los costes de producción suponen ya el 93% de la renta agraria*, 2013a (disponible en: https://boletinagrario.com/dc-4718,costes-produccion-suponen-ya-93-renta-agraria.html).

— *Valoración y análisis de la reforma de la PAC*, 2013b (disponible en: https://web.ua.es/es/giecryal/documentos/reforma-pac-coag.pdf?noCache=1373040614931).

— *COAG Canarias regala 8.000kg de papas frente al Mercadona de las Palmas para denunciar su bajo precio en origen*, 2013c (disponible en: http://www.lacerca.com/noticias/sector_agropecuario/coag_canarias_regala_kg_papas_palmas_denunciar_precio-170375-1.html).

COMAS, J.M. «El discreto dueño de Lidl ya es la mayor fortuna de Alemania». *El Mundo*, 28/07/2014.

COMISIÓN EUROPEA. *La política agrícola común (PAC) y la agricultura europea: preguntas frecuentes*, 2013 (disponible en: http://europa.eu/rapid/press-release_MEMO-13-631_es.htm)

COORDINADORA EUROPEA DE LA VÍA CAMPESINA. *Creación de la Coordinadora Europea Vía Campesina*, 2008 (disponible en: http://viacampesina.org/es/index.php/noticias-de-las-re-

giones-mainmenu-29/507-creacie-la-coordinadora-europea-vcampesina)
— *¡Reducción del 20% del número de explotaciones agrarias en la UE entre 2003 y 2010!*, 2011 (disponible en: http://www.eurovia.org/spip.php?article519&lang=fr)
CORPORATE EUROPEAN OBSERVATORY. *Agribusiness is the biggest lobbyist on the EU-US trade deal, new research reveals*, 2014 (disponible en: https://corporateeurope.org/pressreleases/2014/07/agribusiness-biggest-lobbyist-eu-us-trade-deal-new-research-reveals).
DAVIS, M. *Planet of Slums*. Londres: Verso, 2006.
DE BLAS, A. *Pistas para un modelo de vida sostenible*. Madrid: InteRed, 2012.
DE SCHUTTER, O. *Informe del Relator Especial sobre el derecho a la alimentación, Sr. Olivier De Schutter*, 2010 (disponible en: http://www.srfood.org/images/stories/pdf/officialreports/20110308_a-hrc-16-49_agroecology_es.pdf)
— «El hambre es un problema político» (entrevista). *El País*, 17/03/2011.
DE SEBASTIÁN, L. *Un planeta de gordos y hambrientos*. Barcelona: Editorial Ariel, 2009.
DELGADO, C. et al. *Livestock to 2020: the next food revolution*. Washington: IFPRI, FAO y ILRI, 1999.
DEININGER, K. y BYERLEE, D. *Rising Global Interest in Farmland*. Washington D.C.: World Bank, 2011.
DELCOURT, L. (coord.) *La crisis alimentaria. Movilizaciones en el Sur*. Madrid: Editorial Popular, 2009.
DESMARAIS, A.A. *La Vía Campesina*. Madrid: Editorial popular, 2008.
DEUTSCHE BANK. *Agricultural commodities and food prices*, 2014 (disponible en: https://www.db.com/cr/en/positions/agricultural-commodities-and-food-prices.htm)
DOMÍNGUEZ, B. «Los productores de pollo declaran la guerra a los hipermercados». *El País*, 23/08/2013.
DONAIRE, G. «La comercialización de productos de Comercio Justo en el Estado español en 2012» en *El Comercio Justo en España 2012. Alianzas en movimiento*. Madrid: Coordinadora Estatal de Comercio Justo, 2013.

DURÁN, M.A. *Contribución del trabajo no remunerado a la economía española: alternativas metodológicas*. Madrid: Instituto de la Mujer, 2000.

ECOLOGISTAS EN ACCIÓN. *Langostino tropical: una industria insostenible*, 2011 (disponible en: http://www.ecologistasenaccion.org/article22026.html)

— *Descartes, acuicultura y otros temas en discusión en la reforma de la Política Pesquera Comunitaria (PPC)*. Madrid: Ecologistas en Acción, 2012.

— *Baile de cifras de la superficie cultivada con maíz transgénico*, 2014a (disponible en: http://www.ecologistasenaccion.org/article27391.html).

— *La contaminación por mercurio aumenta*, 2014b (disponible en: http://www.ecologistasenaccion.org/article27335.html).

EFE. «Juan Roig es el cuarto español más rico según la revista 'Forbes'». *El Mundo*, 03/03/2014.

EFTA. *Anuario de comercio justo 1998-2000.* Gante: EFTA, 1998.

EL PAÍS. «Cable en el que el Ministerio de Medio Ambiente pide a EEUU que presione a Bruselas a favor de los transgénicos». *El País*, 18/10/2010.

— «El Supremo ratifica la sentencia sobre Fertiberia». *El País*, 22/02/2011.

EMPLOYMENT, SOCIAL AFFAIRS AND EQUAL OPPORTUNITIES. EUROPEAN COMISSION. *Poverty and social exclusion in rural areas*. Bruselas: European Comission, 2008.

EUROPA PRESS. «España cuenta con 66.000 hectáreas de cultivos de invernaderos de plástico». *El Economista*, 11/02/2009.

— *Feagra-CCOO rechaza el ERE presentado por Coca-Cola y anuncia la convocatoria de paros «inmediatos»*, 2014 (disponible en: http://www.europapress.es/economia/noticia-economia-feagra-ccoo-rechaza-ere-presentado-coca-cola-anuncia-convocatoria-paros-inmediatos-20140122202102.html)

— «COAG lamenta que la caída de precios empaña un año de récord en el valor de la producción agraria». *Expansión*, 27/12/2016.

EUROPEAN COURT OF AUDITORS. *Management of conflict of interest in selected EU Agencies*, 2012 (disponible en: http://www.eca.europa.eu/Lists/ECADocuments/SR12_15/SR12_15_EN.PDF)

EZQUERRA, S. «La crisis de los cuidados: orígenes, falsas soluciones y posibles oportunidades», *Viento Sur* 108, 2010, pp. 37-43.

FAO. *Towards sustainable food security. Women and sustainable food security*, 1996a (disponible en: http://www.fao.org/waicent/faoinfo/SUSTDEV/FSdirect/FBdirect/FSP001.htm).

— *Plan de Acción de la Cumbre Mundial sobre la Alimentación*, 1996b (disponible en: http://www.fao.org/docrep/003/w3613s/w3613s00.htm).

— «La ADRS y... la agrobiodiversidad». *Agricultura y desarrollo rural sostenible* 16, 2007.

— *Biodiversidad agrícola: utilizarla para que no se pierda*, 2010a (disponible en: http://www.fao.org/news/story/es/item/46805/icode/)

— «Género y derecho a la tierra», *Informes de Política de las Perspectivas Económicas y Sociales* 8, 2010b.

— *Un Canto por África. Preguntas Frecuentes sobre el Cuerno de África*, 2012a (disponible en: http://coin.fao.org/cms/world/mexico/Noticias/cantoxafrica/faq.html).

— *The role of producer organizations in reducing food loss and waste*, 2012b (disponible en: http://www.fao.org/docrep/016/ap409e/ap409e.pdf).

— *The State of Food and Agriculture 2013*. Roma: FAO, 2013a.

— *Women play a decisive role in household food security, dietary diversity and children's health*, 2013b (disponible en: http://www.fao.org/gender/gender-home/gender-programme/gender-food/en/).

— *El comercio mundial de pescado apunta hacia nuevos récords*, 2014 (disponible en: http://www.fao.org/agronoticias/agro-noticias/detalle/es/c/214515/).

FEDERACIÓN DE ASOCIACIONES DE MUJERES RURALES. *Medio rural desde la perspectiva de género*, 2012 (disponible en: http://www.fademur.es/_documentos/Fademur_Datos-Mujeres-Rurales_MEDIORURAL2012.pdf).

FERNÁNDEZ-TRESGUERRES, J. «Efecto del glutamato monosodico por via oral sobre el control del apetito (una nueva teoria para la epidemia de la obesidad)», *Anales de la Real Academia Nacional de Medicina*, 122(2), 2005; pp. 341-355.

FERNÁNDEZ PUJALS, L. «Soy un capitalista como la copa de un pino, pero tengo mentalidad social» (entrevista). *El Mundo*, 13/03/2005.

FOOD&WATER WATCH. *Ambassadors: Diplomacy or Marketing?*, 2013 (disponible en: http://www.foodandwaterwatch.org/pressreleases/biotech-ambassadors-diplomacy-or-marketing/).

FRASER, A. *Agricultura para el Desarrollo*. Londres: Oxfam Internacional, 2009.

FREIRE, C. «Es posible cambiar la PAC» (entrevista). *Baserri Bizia*, 2012.

FRIENDS OF THE EARTH. *Briefing Good Neighbours? Community impacts of supermarkets*. Londres: Friends of the Earth, 2005a.

— *The Tesco Takeover*. Londres: Friends of the Earth, 2005b.

FUNDACIÓ PRIVADA CATALANA DE PREVENCIÓ DE RESIDUS I CONSUM RESPONSABLE. *Anàlisi de la producció de residus associada a la cistella estàndard de la compra*, 2010 (disponible en: http://www.residusiconsum.org/index.php?option=com_content&view=article&id=226:analisi-de-la-produccio-de-residus-associada-a-la-cistella-estandard-de-la-compra&catid=35:estudis-2010&Itemid=62).

FUNDACIÓN FOESSA. *Análisis y perspectivas 2014: Precariedad y Cohesión Social*. Madrid: Fundación Foessa y Cáritas Española, 2014.

FUNDACIÓN TIERRA. «La comida de proximidad y de calidad», *Perspectiva ambiental 36*. 2006, pp. 21-22.

— *Plastic Planet*, 2012 (disponible en: http://www.terra.org/categorias/peliculas/plastic-planet).

GALEANO, E. *Patas arriba. La escuela del mundo al revés*. Madrid; Siglo XXI, 2005.

GARCÍA, F. y RIVERA, M.G. «La revolución del supermercado: ¿producir alimentos para quién?» en Montagut, X. y Vivas, E. *Supermercados, no gracias*. Barcelona: Icaria editorial, 2007a, pp. 33-45.

— «Supermercadolandia: el planeta de los supermercados» en Montagut, X. y Vivas, E. *Supermercados, no gracias*. Barcelona: Icaria editorial, 2007b, pp. 11-23.

GARRETT, B. *Coke's water bomb*, 2004 (disponible en: http://news.bbc.co.uk/2/hi/business/3809539.stm).

GENERALITAT DE CATALUNYA. *La compra en el comerç de proximitat genera fins a un 69% menys de residus que en els supermercats i les grans superfícies*, 2010 (disponible en: http://premsa.gencat.cat/pres_fsvp/AppJava/notapremsavw/detall.do?id=36307).

GENEWATCH et al. *Genetically-modified insects: under whose control?*, 2012 (disponible en: http://www.genewatch.org/uploads/f03c6d66a9b354535738483c1c3d49e4/Regnbrief_fin2.pdf).

GLOBAL LAND PROJECT. *Land grab in Africa. Emerging land system drivers in a teleconnected world.* Copenhagen: GLP Reports, 2010.

GMWATCH. *Journal retraction of Séralini study is illicit, unscientific, and unethical*, 2013 (disponible en: http://gmwatch.org/index.php/news/archive/2013/15184-journal-retraction-of-seralini-study-is-illicit-unscientific-and-unethical).

GOMES, R. «Relaciones norte-sur y sur-sur en el comercio justo: retos y perspectivas» en Angulo, N. y Fernández, M. *Afirmando prácticas democráticas y estrategias solidarias para un desarrollo sustentable.* Lima: Grupo Red de Economía Solidaria del Perú y Universidad de La Habana, 2007, pp. 101-104.

GONZÁLEZ, M. *Alimentos kilométricos.* Madrid: Amigos de la Tierra, 2012.

GOODLAND, R. y ANHANG, J. *Livestock and Climate Change. What if the key actors in climate change are... cows, pigs, and chickens?* Washington: World Watch, 2009.

GOUGET, C. *Los aditivos alimentarios.* Barcelona: Ediciones Obelisco, 2008.

GRAIN. *El negocio de matar de hambre*, 2008 (disponible en: http://www.grain.org/article/entries/183-el-negocio-de-matar-de-hambre).

— *¡Se adueñan de la tierra! El nuevo acaparamiento agrario*, 2009a (disponible en: http://www.grain.org/es/article/entries/1230-se-aduenan-de-la-tierra-el-nuevo-acaparamiento-agrario).

— *La agricultura campesina puede enfriar el planeta*, 2009b (disponible en: http://www.grain.org/es/article/entries/4170-la-agricultura-campesina-puede-enfriar-el-planeta).

— *Nuevo set de datos sobre acaparamiento de tierras*, diciembre 2011a (disponible en: http://www.grain.org/bulletin_board/entries/4434-nuevo-set-de-datos-sobre-acaparamiento-de-tierras).

— *Alimentos y cambio climático: el eslabón olvidado*, 2011b (disponible en: http://www.grain.org/article/entries/4395-alimentos-y-cambio-climatico-el-eslabon-olvidado).
— *Acaparamiento de tierras y soberanía alimentaria en África del Oeste y Central*, 2012a (disponible en: http://www.africafundacion.org/IMG/pdf/acaparamiento_grain_20-08-2012.pdf).
— *¿Inversión responsable en tierras agrícolas? Los actuales esfuerzos para regular el acaparamiento de tierras agravarán las situación*, 2012b (disponible en http://www.grain.org/es/article/entries/4567-inversion-responsable-en-tierras-agricolas-los-actuales-esfuerzos-para-regular-el-acaparamiento-de-tierras-agravaran-las-situacion).
— *Transgénicos: ¿20 años alimentando o engañando al mundo?*, 2013 (disponible en: http://www.grain.org/es/article/entries/4686-transgenicos-20-anos-alimentando-o-enganando-al-mundo).
GREENBERG, P. *Cuatro peces. El futuro de los últimos alimentos salvajes.* Barcelona: RBA Libros, 2012.
GREENPEACE. *Transgénicos: impacto medioambiental y consecuencias para la salud*, 2009 (disponible en: http://stopogm.net/sites/stopogm.net/files/mediosalud.pdf).
GRUP DE RECERCA EN COMUNICACIÓ EMPRESARIAL, INSTITUCIONAL I SOCIETAT. *El comerç just i la gran distribució a Catalunya.* Barcelona: Agència Catalana de Consum, 2006.
GRUPO ETC. *¿Quién controlará la economía verde?* Ontario: Grupo ETC, 2011.
— *Los gigantes genéticos hacen su cártel de la caridad*, 2013a (disponible en: http://www.etcgroup.org/sites/www.etcgroup.org/files/ETC%20Communique%CC%81%20110-SpaFin.pdf).
— *El carro delante del caballo. Semillas, suelos y campesinos.* Ontario: Grupo ETC, 2013b.
GUERRA, P. *El comercio justo en debate*, 2007 (disponible en: http://alainet.org/active/17251).
HALWEIL, B. *Productos del país. Alimentos locales en un mercado global.* Bilbao: Bakeaz, 2003.
HERNÁNDEZ NAVARRO, L. *Muchas caras de la crisis rural*, 2010 (disponible en: http://www.grain.org/fr/article/entries/4091-muchas-caras-de-la-crisis-r).

HOLLAND, N., ROBINSON, C. y HARBINSON, R. *Conflicts on the menu: A decade of industry influence at the European Food Safety Authority (EFSA)*: Bruselas. Corporate Europe Observatory and Earth Open Source, 2012.

HOLT-GIMÉNEZ, E., BAILEY, I. y SAMPSON, D. *Justo hasta la última gota. Los retos empresariales para el café de comercio justo*. Madrid: Ed. Sodepaz, 2008.

HOLT-GIMÉNEZ, E. y PATEL, R. *Rebeliones alimentarias*. Barcelona: El Viejo Topo, 2010.

HORCAJO, X. «Andreu Costafreda, fundador del grupo Panrico». *El País*, 07/05/1998.

HUMAN RIGHTS WATCH. *Blood, Sweat, and Fear. Workers' Rights in U.S. Meat and Poultry Plants*. Washington: Human Rights Watch, 2004.

IAASTD. *Resumen de la evaluación mundial preparado para los responsables de la toma de decisiones*, 2008 (disponible en: http://www.unep.org/dewa/agassessment/docs/Global_SDM_050508_Spanish.pdf).

INE. *Censo Agrario 2009*, 2011a (disponible en: http://www.ine.es/prensa/np668.pdf).

— *Encuesta de Empleo del Tiempo 2009-2010*, 2011b.

— *Encuesta de Condiciones de Vida 2013*, 2013 (disponible en: http://www.ine.es/jaxi/menu.do?type=pcaxis&path=/t25/p453&file=inebase).

— *Encuesta de Población Activa (EPA) Tercer trimestre de 2016*, 2016 (disponible en: http://www.ine.es/daco/daco42/daco4211/epa0316.pdf).

INSTITUTO GEOGRÁFICO NACIONAL. *Indicadores de pobreza en las Comunidades Autónomas*, 2006 (disponible en: http://www.ign.es/espmap/fichas_desecon_bach/pdf/DesEcon_Ficha_04.pdf).

INTERMÓN OXFAM. *Goliat contra David. Quién gana y quién pierde con la PAC en España y en los países pobres*. Madrid: Intermón Oxfam, 2005.

IPSOS. *Generación XXL*, 2012 (disponible en: http://www. ipsos.es/sites/all/themes/ipsos/docus/np_20130424_BESIDAD.pdf).

— *Mercadona se consolida como la empresa más recomendada y mejor valorada del sector de la distribución*, 2014 (disponible en: http:

//www.ipsos.es/sites/all/themes/ipsos/docus/KAR/kar_ola13_np_distribucion.pdf).

ISAAA. *Comienza el desarrollo y crecimiento de la segunda ola prevista de biotecnología*, 2010 (disponible en: http://www.isaaa.org/resources/publications/briefs/41/pressrelease/pdf/Brief%2041%20-%20Press%20Release%20-%20Spanish%20(Spain).pdf).

JACQUIAU, C. *Les coulisses du commerce equitable*. París: Mille et une nuits, 2006.

JAPAN ORGANIC AGRICULTURE ASSOCIATION. *«TEIKEI» system, the producer-consumer co-partnership and the Movement of the Japan Organic Agriculture Association*, 1993 (disponible en: http://www.joaa.net/english/teikei.htm#ch7).

JIMÉNEZ, M. «Las frases de Juan Roig: 'España es un país de derroche'». *El País*, 08/03/2012.

JONES, A. *Eating oil: food supply in a changing climate*. Londres: Sustain y Elm Farm Research Center, 2001.

KAOS EN LA RED. *[Zaragoza] Entrevista a trabajador despedido de Telepizza*, 2010 (disponible en: http://old.kaosenlared.net/noticia/zaragoza-entrevista-trabajador-despedido-telepizza).

KHOURY, C.K. «Increasing homogeneity in global food supplies and the implications for food security», *PNAS*, 2014.

KINGSNORTH, P. «Hormonas de crecimiento bovino», *The Ecologist* 28 (5), 1998, pp. 19-22.

LA UNIÓ DE LLAURADORS. *La Unió reclama que tota l'orxata envasada indique l'origen de la xufa i que es controle*, 2013 (disponible en: http://www.launio.es/ca/cgi-bin/article.asp?sid=0601&aid=10089).

LA VÍA CAMPESINA. *Los pequeños productores y la agricultura sostenible están enfriando el planeta*, 2007 (disponible en: http://viacampesina.org/es/index.php/temas-principales-mainmenu-27/biodiversidad-y-recursos-gencos-mainmenu-37/386-los-pequeproductores-y-la-agricultura-sostenible-estenfriando-el-planeta).

— *Europa: la crisis agrava la situación de desigualdad de las agricultoras*, 2013 (disponible en: http://viacampesina.org/es/index.php/temas-principales-mainmenu-27/mujeres-mainmenu-39/1653-europa-la-crisis-agrava-la-situacion-de-desigualdad-de-las-agricultoras).

LAFONT, I. «La empresa familiar reclama que los festivos se trasladen al lunes para evitar puentes y que se abarate el despido». *El País*, 29/03/2006.

LAWRENCE, F. «Why I won't be giving my mother Fairtrade flowers», *The Guardian*, 05/05/2005.

LLOPIS, E. *Explotación oculta en Mercadona*, 2014a (disponible en: http://www.rebelion.org/noticia.php?id=179736).

— *Entrevista a Francisco Enríquez, delegado sindical de CGT-Málaga despedido de Mercadona «Mercadona aprovecha la crisis para apretar las tuercas a los trabajadores, casi hasta la esclavitud»*, 2014b (disponible en: http://www.rebelion.org/noticia.php?id=179238).

LÓPEZ, J. «La Llei de titularitat compartida, una panacea o un nou repte per a les dones agràries?», *La Independent*, 2011.

LÓPEZ GARCÍA, D. «Los AMAP, contrato entre agricultores y consumidores», *La Fertilidad de la Tierra* 28, 2007, pp. 52-55.

— «Agroecología y soberanía alimentaria: dos conceptos en movimiento», *Pueblos* 30, 2009, pp. 36-38.

MARTÍN, V.J. «Consumo de pescados y mariscos», *Distribución y Consumo* 5, 2012, pp. 5-20.

MCCANN, D. et al. «Food additives and hyperactive behaviour in 3-year-old and 8/9-year-old children in the community: a randomised, double-blinded, placebo-controlled trial», *The Lancet* 370(9598), 2007, pp. 1560-1567.

MCMICHAEL, P. «Feeding the world: agriculture, development and ecology» en Panitch, L. y Leys, C. *Socialist Register 2007*. Londres: Merlin Press, 2006, pp. 170-194.

MILI, S., MAHLAU, M. y FURITSCH, H.P. «Hábitos de consumo y demanda de productos cárnicos en España», *Economía Agraria* 182, 1998, pp. 131-166.

MINISTERIO DE AGRICULTURA, ALIMENTACIÓN Y MEDIO AMBIENTE. *El Gobierno aprueba la Ley de Titularidad Compartida de las Explotaciones Agrarias para hacer efectiva la igualdad de género en el medio rural*, 2011 (disponible en: http://www.magrama.gob.es/gl/prensa/ultimas-noticias/notas-de-prensa-din.aspx?tcm=tcm:10-159941-16).

— *El 78% de los distribuidores retira productos de las estanterías por caducidad*, 2012 (disponible en: http://www.magrama.gob.es/es/

prensa/noticias/el-78-de-los-distribuidores-retira-productos-de-las--estanterias-por-caducidad/tcm7-218038-16).

— *Estrategia «Más alimento, menos desperdicio»*. Madrid: Ministerio de Agricultura, Alimentación y Medio Ambiente, 2013.

— *Los hogares españoles destinan el 4,30 por ciento del presupuesto para alimentación a la compra de dulces envasados*, 2013b (disponible en: http://www.magrama.gob.es/ca/prensa/noticias/los-hogares-españoles-destinan-el-4,30-por-ciento-del-presupuesto-para-alimentación-a-la-compra-de-dulces-envasados-/tcm8-292032-16).

MINISTERIO DE SANIDAD Y AGENCIA ESPAÑOLA DE SEGURIDAD ALIMENTARIA. *V Convención NAOS. ¡Come sano y muévete!*, 2005 (disponible en: http://www.perseo.aesan.msssi.gob.es/docs/docs/4._Ana_Troncoso_-__Programa_PERSEO.pdf).

MINISTERIO DE LA PRESIDENCIA. *Programa de desarrollo rural sostenible para el período 2010-2014*, 2010 (disponible en: http://www.boe.es/boe/dias/2010/06/11/pdfs/BOE-A-2010-9237.pdf).

MONLLOR, N. «La nova pagesia trenca amb el discurs pessimista i continuista i jo volia demostrar això» (entrevista). *La Terra* 379, 2012.

MONSANTO. *Historia en el Mundo*, 2014 (disponible en: http://www.monsanto.com/global/ar/quienes-somos/pages/historia-global.aspx).

MONTAGUT, X. y VIVAS, E. *Del campo al plato. Los circuitos de producción y distribución de alimentos*. Barcelona: Icaria editorial, 2009.

MORÁN, N. y FERNÁNDEZ CASADEVANTE, J.L. «A través del espejo griego y los proyectos de agricultura urbana que encontramos allí. Experiencias, debates y potencialidades en medio de la crisis», *Papeles* 124, 2013/14, pp. 147-162.

MORSER, A. y MCRAE, S. *Amargo florecer. El costo humano de la venta de flores en los supermercados británicos*. Londres: War on Want, 2007.

MUI, Y.Q. *For Wal-Mart, Fair Trade May Be More Than a Hill of Beans*, 2006 (disponible en: http://www.laborrights.org/in-the-news/wal-mart-fair-trade-may-be-more-hill-beans-0).

NEUMARK, D., ZHANG, J. y CICCARELLA, S. *The Effects of Wal-Mart on Local Labor Markets*. Cambridge: National Bureau of Economic Research, 2005.

NO TE COMAS EL MUNDO Y CENSAT AGUA VIVA. *Las raíces de las flores. Las deudas y los impactos de la floricultura en Colombia.* Barcelona: No te comas el mundo, 2005a.

NO TE COMAS EL MUNDO. *El lago seco. Cuando nos comemos el lago Victória (África). La deuda asociada a la perca del Nilo*. Barcelona: No te comas el mundo, 2005b.

OFICINA DEL RELATOR ESPECIAL SOBRE EL DERECHO A LA ALIMENTACIÓN DE LAS NACIONES UNIDAS. *La democracia y la diversidad pueden subsanar sistemas alimentarios rotos*, 2014a (disponible en: http://www.srfood.org/es/la-democracia-y-la-diversidad-pueden-subsanar-sistemas-alimentarios-rotos).

— *Unhealthy diets greater threat to health than tobacco; UN expert calls for global regulation*, 2014b (disponible en: http://www.srfood.org/es/unhealthy-diets-greater-threat-to-health-than-tobacco-un-expert-calls-for-global-regulation).

OMS, J. «Cataluña, capital de los cultivos trangénicos». *El Mundo*, 27/04/2009.

OMS. *Resistencia a los antimicrobianos en la Unión Europea y en el mundo*, 2012 (disponible en: http://www.who.int/dg/speeches/2012/amr_20120314/es/).

— *Obesidad y sobrepeso*, 2014 (disponible en: http://www.who.int/mediacentre/factsheets/fs311/es/).

ONGLEY, E.D. *Control of water pollution from agriculture*. Roma: FAO, 1996.

ONU Mujeres. *Hechos y cifras sobre las mujeres rurales*, 2011 (disponible en: http://www.unwomen.org/es/news/in-focus/rural-women-food-poverty/2011/facts-and-figures).

OXFAM INTERNACIONAL. *Nuestra tierra, nuestras vidas. Tiempo muerto para la compra masiva de tierras*, 2012 (disponible en: http://www.oxfam.org/sites/www.oxfam.org/files/bn-land-lives-freeze-041012-es_1.pdf).

Pamplona actual. *Una conservera obligada a pagar 30.000 euros por fraude en el origen de los espárragos*, 2013 (disponible en: http://pamplonaactual.com/una-conservera-navarra-obligada-pagar-30-000e-por-fraude-en-el-origen-de-los-esparragos/).

PARLAMENTO EUROPEO. *La Eurocámara pide reducir el despilfarro de alimentos a la mitad para 2025*, 2012 (disponible en: http://www.europarl.europa.eu/news/es/news-room).

PATEL, R. *Obesos y famélicos*. Barcelona: Los libros del lince: 2008.

PÉREZ OROZCO, A. «La economía: de icebergs, trabajos e (in)visibilidades», *Transformaciones del trabajo desde una perspectiva feminista: producción, reproducción, deseo, consumo*, 2006, pp. 233-253.

PIMENTEL, D. y PIMENTEL, M.H. (eds.) *Food, Energy and Society*. Boca Raton: CRC Press, 2007.

POLLAN, M. *El detective en el supermercado*. Madrid: Temas de Hoy, 2009.

PORTO-GONÇALVES, C.W. «Chico Mendes, un ecosocialista», *Cultura y representaciones sociales* 3 (6), 2009, pp. 188-194.

PRETTY, J.N. Resource-conserving agriculture increases yields in developing countries, *Environmental Science and Technology* 40(4), 2006, pp. 1114-1119.

RECIO, A. *Pescanova: ¿un caso aislado?*, 2013 (disponible en: http: //www.mientrastanto.org/boletin-113/notas/cuaderno-de-depresion-20).

RESEARCH ASSOCIATES OF AMERICA. *Packaged with Abuse. Safety and Health Conditions at Smithfield Packing's Tar Heel Plant*. Washington: UFCW, 2007.

RIECHMANN, J. *Cuidar la (T)tierra*. Barcelona: Icaria editorial, 2003.

RUBIO, M.T. «Terciarización de la población activa», *Revista Espacio, Tiempo y Forma Serie VI Geografía* 3, 1990, pp. 41-54

SALINAS, N. «Pizzas: el secreto está en la grasa». *Interviú*, 05/05/ 2008.

SCHULZ-DORNBURG, J. *Ruinas modernas, una topografía de lucro*. Barcelona: editorial Àmbit, 2012.

SECCIÓN SINDICAL TELEPIZZA CGT. *Telepizza despide a uno de los trabajadores que promovieron la Huelga del 29S*, 2010 (disponible en: http://telepizzaexplota.wordpress.com/2010/10/24/ telepizza-despide-a-uno-de-los-trabajadores-que-promovieron-la-huelga-del-29s/).

— *La verdad del Convenio de Pizzas*, 2013 (disponible en: http: //telepizzaexplota.wordpress.com/convenios-colectivos/).

SEGURA, R. «Distribución Alimentaria: Mercadona se escapa», *Alimarket*, octubre 2012.

SÉRALINI, G.E. *¿Nos envenenan? Transgénicos, pesticidas y otros tóxicos.*

Cómo afectan a nuestras vidas y cómo se ocultan sus consecuencias. Barcelona: NED Ediciones, 2013.

SETEM. *El comercio justo en España 2006*. Barcelona: Icaria editorial, 2006.

SINCLAIR, U. *La jungla*. Madrid: Capitan Swing, 2012 [1906].

SMITHFIELD FOOD. *Smithfield 2010 Annual Report*, 2010 (disponible en: http://files.shareholder.com/downloads/SFD/1342712551x0x388379/4C7F88AE-3FD1-4C18-AC6B-E7F85BCE51E2/smi_ar_10.pdf).

SOBERANÍA ALIMENTARIA, BIODIVERSIDAD Y CULTURAS. «El lugar que nos corresponde. La mujer campesina en el Estado español», *Soberanía alimentaria, biodiversidad y culturas* 2, 2010, pp. 4-13.

SOFFRITTI, M. et al. «First Experimental Demonstration of the Multipotential Carcinogenic Effects of Aspartame Administered in the Feed to Sprague-Dawley Rats», *Environmental Health Perspectives* 114(3), 2006, pp. 379–385.

SOIL ASSOCIATION. *The impact of community supported agriculture*. Bristol: Soil Association, 2011.

SOLER, M. «OMC, PAC y globalización alimentaria», *Viento Sur* 94, 2007, pp. 37-45.

SOM LO QUE SEMBREM. *Denúncia dels d'assessorament informes del Parlament*, 2009 (disponible en: http://www.somloquesembrem.org/transgenics/ilp-per-un-catalunya-lliure-de-transgenics/denuncia-dels-informes-dassessorament-al-parlament/).

— *Articles i estudis*, 2014 (disponible en: http://www.somloquesembrem.org/ comunicacio/articles-i-estudis/).

STEINFELD, H. et al. *Livestock's Long Shadow*. Roma: FAO, 2006.

STONE, K.E. «Impact of the Wal-Mart Phenomenon on Rural Communities», *Increasing Understanding of Public Problems and Policies*, 1997.

STONE, K.E, ARTZ, G. y MYLES, A. *The Economic Impact of Wal-Mart Supercenters on Existing Business in Mississippi*. Starkville: Mississippi State University Extension Service, 2002.

THE FOOD COMISSION. *Obesity: time for the industry to act*, 2004 (disponible en: http://www.foodcomm.org.uk/press/obesity_and_industry/).

THE SCRIPPS RESEARCH INSTITUTE. *Scripps Research Study Shows Compulsive Eating Shares Same Addictive Biochemical Mechanism with Cocaine, Heroin Abuse*, 2010 (disponible en: http://www.scripps.edu/news/press/2010/20100329.html).

TIRADO, R., SIMON, G. y JOHNSTON, P. *El declive de las abejas. Peligros para los polinizadores y la agricultura de Europa*. Amsterdam: Greenpeace Internacional, 2013.

TORRES, D. y CAPOTE, T. «Agroquímicos un problema ambiental global: uso del análisis químico como herramienta para el monitoreo ambiental», *Ecosistemas* 13, 2004.

TOUSSAINT, É. *Volvamos a hablar de las causas de la crisis alimentaria*, 2008 (disponible en: http://cadtm.org/Volvamos-a-hablar-de-las-causas-de).

TRUST FOR AMERICA'S HEALTH. *Fixing Food Safety: Protecting America's Food Supply From Farm-to-Fork*, 2008 (disponible en: http://healthyamericans.org/reports/foodsafety08/FoodSafety08.pdf).

TURIEL, A. L*a Agencia Internacional de la Energía reconoce la llegada del Peak Oil*, 2010 (disponible en: http://crashoil.blogspot.com.es/2010/11/la-agencia-internacional-de-la-energia.html).

UCE, COAG y CEACCU. *Propuesta de proposición no de ley sobre los márgenes comerciales de los productos agroalimentarios*, 2008 (disponible en: http://www.coag.org/rep_ficheros_web/6048f6f07d70f7e4b333b8dbfa9bbea8.pdf).

— *IPOD Enero 2017*, 2017 (disponible en: http://www.coag.org/download-doc/130188).

UN. *World population projected to reach 9.6 billion by 2050 with most growth in developing regions, especially Africa – says UN*, 2013 (disponible en: http://esa.un.org/unpd/wpp/Documentation/pdf/WPP2012_Press_Release.pdf).

UN NEWS CENTER. *UN independent rights expert calls for five-year freeze on biofuel production*, 2007 (disponible en: http://www.un.org/apps/news/story.asp?NewsID=24434&#.U9eAQdR_s8o).

UNFPA. *Estado de la población mundial 2007. Liberar el potencial del crecimiento urbano*. New York: UNFPA, 2007.

UNICEF. *80.000 niños más bajo el umbral de pobreza en España*, 2013 (disponible en: http://www.unicef.es/actualidad-

documentacion/noticias/80000-ninos-mas-bajo-el-umbral-de-la-pobreza-en-espana).
UNIVERSITY OF SOUTHAMPTON. *Major study indicates a link between hyperactivity in children and certain food additives*, 2007 (disponible en: http://www.southampton.ac.uk/mediacentre/news/2007/sep/07_99.shtml).
USDA. *Food Security Status of U.S. Households in 2012,* 2012 (disponible en: http://www.ers.usda.gov/topics/food-nutrition-assistance/food-security-in-the-us/key-statistics-graphics.aspx#.U8ZMIVFZsxA).
VALLESPÍN, I. «El Ayuntamiento de Barcelona detecta 2.865 escolares con malnutrición». *El País*, 06/06/2013.
VAN HUIS, A. et al. *Edible insects. Future prospects for food and feed security*. Roma: FAO, 2013.
VARELA, G. (coord.). *Libro Blanco de la Nutrición en España*. Madrid: Fundación Española de la Nutrición, 2013.
VENTEO, D. *Caprabo 1959-2009*. L'Hospitalet de Llobregat: Caprabo, 2009.
VETERINARIOS SIN FRONTERAS. *La revolución ganadera*, 2006 (disponible en: http://www.uco.es/zootecniaygestion/img/pictorex/26_11_41_7._la_revolucion_ganadera.pdf).
— *Una Política Agraria Común para el 1%*, 2012 (disponible en: http://vsf.org.es/sites/default/files/docs/Una%20%20PAC%20%20para%20el%201%25.pdf).
VIDAL, J. «Ethiopia at centre of global farmland rush». *The Guardian*, 21/03/2011.
VIKAS ADHYAYAN KENDRA. *Quit Plachimada Quit India. The Story of Anti-Coca Cola Struggle at Plachimada in Kerala*. Mumbai: Vikas Adhyayan Kendra, 2003.
VIVAS, E. «Los quiénes y el qué en el movimiento del comercio justo» en Montagut, X. y Vivas, E. *¿Adónde va el comercio justo?* Barcelona: Katria editorial, 2006, pp. 11-27.
— «La distribución moderna: la invasión de los supermercados», *Viento Sur 94*, 2007, pp. 56-64.
— «Comercio justo: ¿al servicio de las grandes superficies?» en Montagut, X. y Vivas, E. *Supermercados, no gracias*, Barcelona: Icaria editorial, 2007b, pp. 113-126.
— *El sistema agroalimentario mundial al descubierto. La soberanía*

alimentaria y el comercio justo como alternativas. Memoria de doctorado, inédito, 2010.

VSF Justicia Alimentaria Global. *TTIPex. Borrando derechos*, 2015 (disponible en: https://vsf.org.es/sites/default/files/docs/informe_tippex.pdf).

VVAA. *Libro Blanco de la Agricultura y el Desarrollo Rural.* Madrid: Ministerio de Agricultura, 2003.

— *Llamamiento urgente de organizaciones de la sociedad civil y derechos humanos a la ONU para que verifique la vulneración del Derecho a la Alimentación en el Estado español*, 2013 (disponible en: http://vsf.org.es/sites/default/files/docs/llamamiento_un_ddaa.pdf) .

WALSH, B. «New Report Says FDA Allowed 'High Risk' Antibiotics to Be Used on Farm Animals». *TIME*, 28/01/2014.

WORLD BANK. *Food Price Watch*, agosto 2011.

— *Fish to 2030. Prospects for Fisheries and Aquaculture*. Washington: World Bank, FAO, IFPRI, AES, 2013.

ZACUNE, J. *Coca-Cola. The alternative report.* Londres: War on Want, 2006.

— *Lucha contra Monsanto*: La Vía Campesina, Amigos de la Tierra Internacional y Combat Monsanto, 2012.

ZAFRA, I. «Roig: "Sin ir a Harvard sino a 'Harvacete', los fruteros son más listos que nosotros"». *El País*, 23/10/2013a.

— «Mercadona vuelve a los orígenes». *El País*, 27/10/2013b.

ZUMBADO, M. et al. «Exposición inadvertida a plaguicidas organoclorados (DDT y DDE) en la población de las Islas Canarias», *Ecosistemas* 13 (3), 2004, pp. 51-58.